올바른 자동차 튜닝 알기

나도 튜닝한번 해볼까?

정영훈 • 김치현 共著

국토교통부 인가
(사)한국자동차튜닝협회 감수

탈것문화의 전당 [도서출판 골든벨]은 자동차 전문 서적 출판사입니다. **GoldenBell**
www.gbbook.co.kr

국토교통부 인가
(사)한국자동차튜닝협회

사단법인등록번호: 127-82-21077
주소 : 경기도 의정부시 호암로 95 신한대학교 산학관 1F
대표전화 : 031-870-3284 팩스 : 031-870-3298

▫ 협회의 사업

1. 튜닝부품의 품질인증에 관한 사항, 정부튜닝인증기관 지정(2014)
2. 튜닝부품의 시험지원, 연구 및 정책개발
3. 튜닝시장 현황조사, 전산관리, 통계, 정보수집, 간행물 발간
4. 해외 튜닝협회 등 유관기관과 국제적 정보교류
5. 튜닝관련 각종 전시회 개최 및 홍보에 관한 사항
6. 튜닝 전문자격 시행 및 인력 양성
7. 불법튜닝 계도 및 홍보사업 등

▫ 협회 회원의 구분

기업회원, 개인회원, 기관·단체회원
- 기업회원: 중소기업, 중견기업, 대기업
- 개인회원: 튜닝정비회원, 특별회원, 일반회원(무료)
- 기관·단체회원: 정부기관, 지자체, 공공기관, 기타단체

▫ 협회 회원의 혜택

- 부품제작사는 자사의 인증부품 조기 발굴
- 인증부품에 의한 독자적인 "기업브랜드"가치 창출
- 인증규정 및 규격 등 제도 완화의 정책결정에 참여
- 분과위원회 활동
- 인증부품과 기업홍보에 협회와 함께 효율적 마케팅
- 튜닝카 경진대회, 부품전시회, 튜닝기술교육 등 참여혜택
- 국토교통부와 우수튜닝업체, 우수튜닝부품제조사, 베스트튠업 선발

▫ 협회의 튜닝부품 인증방식

"자동차튜닝부품품질인증"은 국토교통부가 튜닝협회에 허가, 자동차 부품 제조사업자의 제품제작 과정과 시험과정을 심사하여 인증을 할 수 있으며, 또한 국토교통부령으로 정해지는 안전과 관련한 부품이나 타법으로 규정한 성능 및 실험성적이 필요한 경우 공인 시험기관의 성적서를 첨부하여 한국자동차튜닝협회가 최종 품질인증을 하는 제도로 소비자에게 품질에 대한 신뢰와 공신력을 제공

국토교통부 인가 사단법인등록번호: 127-82-21077
주소: 경기도 의정부시 호일로 95 신한대학교 산학관 1F
(사)한국자동차튜닝협회 대표전화: 031-870-3284 팩스: 031-870-3298

국내 최초 튜닝전문서적의
출간을 축하합니다.

전 세계 자동차 튜닝시장 규모는 약 100조원으로 우리나라도 자동차 등록 2천만대 시대를 맞아 성능과 외관을 개인적 취향과 개성을 살려 변경하려는 튜닝 수요는 급격히 증가해 왔습니다.

그럼에도 불구하고 우리나라는 정부 차원의 강력한 규제로 시장을 위축시켰고 몇몇 마니아들의 여가활동으로 그 명맥을 이어 왔습니다. 그도 그럴 것이 튜닝이라 하면 한때 젊은 이들의 끼와 개성을 표출하는 다소 사치성 행위로 인식되던 시절도 있었습니다.

안타깝게도 국내 튜닝 시장은 홍보부족, 일부 불법튜닝으로 인한 부정적 인식 확산, 튜닝 부품 인증 부재 등으로 세계 5위의 자동차 제조기술을 보유한 국가답지 못했던 것이 현실 입니다.

그러나 이제 튜닝은 정부의 정책적 후원으로 "안전"과 "환경"을 고려하는 산업의 한 분야로 자리매김하게 되면서 활성화 양상을 보이고 있습니다.

이 책은 튜닝산업이 정부의 핵심 정책으로서 힘이 실리면서 새롭게 시작되는 튜닝 문화의 길잡이 역할을 하리라 생각됩니다.

이 책은 튜닝에 대한 기본 용어, 부품에 대한 소개부터 튜닝 구분별 테크닉은 물론 상황별 차량관리 요령 및 소모품 관리까지 운전자에게 차량에 대한 상식과 지식을 제공하고 있습니다.

또, 튜닝승인에 대한 정보를 제공하여 합법적이고 건전한 튜닝을 선도하는 유익한 자료라고 생각됩니다.

정부의 정책적 후원으로 튜닝산업이 활성화되면서 그에 합당한 규제와 합법적 절차는 보다 세분화되고 엄격해 지고 있습니다. 그에 따라 자동차 튜닝시장의 건전한 성장을 위한 조직적 활동이 일어나고 있습니다.

한국자동차튜닝협회는 2013년 10월에 설립된 비영리법인으로서 산학연이 함께하여 자동차 튜닝시장의 건전한 발전을 위해 법 제도개선, 튜닝부품인증 시행, 튜닝자동차 경진대회 개최, 튜닝종류 및 합법적 절차에 대한 대 국민 계도, 안전·친환경 모범 튜닝사례 홍보, 튜닝업계 전문 교육 등 다양한 활동을 하고 있습니다.

또한 자동차튜닝기술연구소를 운영하여 중소 튜닝업계를 위해 R&D 및 교육지원과 모범 튜닝업체를 지정·육성함으로써 신규 일자리 창출에 기여하고, 해외 튜닝협회와 시장 활성화를 위한 다양한 정보 교류도 추진하고 있습니다.

이 책을 통해 튜닝에 대해 올바로 이해하고 새로운 자동차 산업, 자동차 문화를 창출하는 기초로 삼길 바라며, 튜닝산업의 활성화가 우리나라 자동차 산업의 경쟁력 강화로도 이어질 수 있길 기원합니다.

한국자동차튜닝협회장 장형성

일본으로 건너가 자동차를 배우고
유럽, 일본의 레이스를 통해.....

자동차를 즐기는 방법은 여러 가지가 있습니다.
가족, 연인과 같이 행복한 시간을 갖기 위해 자동차를 이용한 여행
을 시도하거나 그러한 여정 중에 자동차 운전을 통해 즐거움을 찾
는 것 또한 행복이라 할 수 있겠지요.
시대가 변하면서 자동차에 대한 인식 자체도 변화되고 자동차를 즐
기는 방법도 다양해지고 있습니다. 튜닝도 자동차를 즐기는 방법의
하나가 되었습니다.

자동차 튜닝 용품의 종류는 전 세계적으로 일반 운전자들이 생각하
는 것보다도 훨씬 더 많이 유통되고 있으며 튜닝을 하고자 하는 초
보자의 입장에서는 무엇을 어떻게 골라야 할지 고민에 빠지게 됩니
다. 이러한 튜닝 입문자를 위해 필자는 일본 자동차 산업, 특히 레
이싱 및 튜닝 분야에서의 경험을 통하여 쉽게 튜닝에 접근할 수 있
도록 하고자 하는 작은 바람에서 이 책을 쓰게 되었습니다. 이 책을
통해서 좀 더 많은 운전자가 튜닝을 이해하고 새로운 아이디어가
탄생하는 바탕이 되길 바라며, 더불어 대한민국의 자동차문화 발전
과 국제적인 인식도 향상에 이바지할 수 있기를 바랍니다.

15년 전 필자는 일본으로 건너가 자동차를 배우고 유럽, 일본의 레
이싱을 통해 경험을 쌓았고 이 경험을 바탕으로 독자들에게 튜닝에
대한 지식과 정보를 전달하고자 합니다. 오랜 해외생활로 인해 다
소 표현이 매끄럽지 못하더라도 이해해 주시기 바랍니다.
마지막으로 이 책을 출판할 기회를 만들어주고 많은 도움 주신 공
동저자인 김치현 님께 감사드립니다.

2014. 9. 일본 동경에서 정영훈 배상

국내의 자동차 튜닝 문화를 한단계 성숙하게 할 수 있는 밑거름

자동차 문화는 하루아침에 이루어진 것은 아닙니다. 최초의 가솔린 자동차를 발명한 독일 및 유럽에서는 일찌감치 자동차의 성능을 향상시키기 위해서 자동차 레이싱 문화가 발전하였으며 이러한 자동차 레이싱의 근간에는 기본 차량에 대한 튜닝 기술이 밑받침되었다고 할 수 있습니다.

안타깝게도 국내에서는 자동차 레이싱 및 자동차 튜닝이 자리를 잡지 못하고 있었으나 최근 들어 정부의 노력과 국민들의 관심으로 레이싱이나 튜닝이 어느 정도 자동차 문화의 한 축으로 자리잡을 수 있는 제도적인 틀과 분위기가 만들어진 것은 정말 다행스런 일이다.

자동차 튜닝에 대한 공부를 하면서 국내의 많은 운전자에게 쉽게 튜닝을 접할 수 있는 입문서가 필요함을 느끼고 이 책을 쓰기 시작하였으나 워낙 무지하여 글 써내려가기가 쉽지만은 않았습니다. 그러나 다행히도 일본에서 오랫동안 레이싱팀에서 메인티넌스의 경험을 쌓으신 정영훈 님의 도움으로 미약하지만 튜닝 입문서를 발간하게 되었습니다.

한일간의 자동차 문화를 이야기할 때 개인적으로는 별 차이가 없다고 생각했으나 레이싱이나 튜닝에 대한 깊이를 더해 갈수록 국내의 자동차 튜닝 문화는 아직 더 노력해야 할 필요가 있음이 절실하게 느껴졌습니다. 이 책이 국내의 자동차 튜닝 문화를 한 단계 성숙시킬 수 있는 밑거름이 될 수 있길 바랍니다.

내용 중에는 독자의 이해를 돕고자 튜닝 부품별로 튜닝 승인 없이 작업할 수 있는 것과 작업 후 튜닝 승인을 받아야 하는 것, 그리고 아직은 국내에서 튜닝에 제한을 두고 있는 것으로 구분하였습니다.

실제로 튜닝을 하는 데 있어서는 여러 가지 경우의 수들이 발생할 수 있으므로 케이스별로 튜닝 승인 여부를 확인하기 위해서는 추가적인 확인작업이 필요할 것입니다. 본서의 튜닝 승인 여부 기준은 2014년 6월 교통안전공단 자료 및 인터넷 질의를 활용하였습니다.

마지막으로 바쁜 레이싱 경기에도 불구하고 일본에서 열심히 글을 써주신 공동 저자인 정영훈 님과 그의 아내 스즈끼 씨에게도 감사의 인사를 전하며 대한민국 자동차 문화의 성숙을 위해 항상 물심양면으로 도와주시는 출판사 골든벨 여러분들께도 감사의 말씀을 전합니다.

2014. 9. 한국 서울에서 김치현 배상

나도 튜닝 한번 해볼까?
CONTENTS

나도 튜닝 한번 해볼까?
CONTENTS

I

자동차 튜닝속으로 들어가기

텔레비전에 가수가 통기타를 들고 나와서 연주하기 전에

기타의 음을 맞추는 것을 '튜닝'이라고 한다.

이처럼 튜닝이라는 용어는 음악에서 악기의 조율을 뜻하는 것이었다.

언젠가부터 이러한 튜닝이라는 용어가

자동차 분야에서도 쓰이게 되었다.

쉽게 이해하자면 제조되어 생산된 차량에 운전자의 취향에 따라

여러 가지 특별 목적의 부품과 용품을 장착하는 행위를

자동차 튜닝이라고 한다.

01 자동차 튜닝이란?

자동차의 법적인 내용을 관리하는 '자동차 관리법' 그 어디에도 튜닝이라는 단어는 존재하지 않았으며 튜닝산업 자체가 양성화되지 못했고 활성화 및 조직화되지 못했던 것도 사실이다.

2013년 정부의 굳은 의지로 대한민국의 자동차 관리법에 드디어 '튜닝'이라는 단어가 등장하게 된다. 2013년 8월 26일 11명의 국회의원이 자동차 튜닝의 정의 등에 대한 내용을 발의하여 2014년 1월 7일 관련법이 공포되었으며 1년 후인 2015년 1월 8일부터 시행되게 되었다.

자동차 관리법에서 공포한 자동차 튜닝의 정의는 아래와 같다.
자동차의 구조, 장치의 일부를 변경하거나 자동차에 부착물을 추가하는 것을 말한다
[자동차 관리법 제2조 11항, 2014.1.7]

2000년대 초반에 한동안 튜닝에 대한 열망과 바람들이 튜닝 활성화의 시발이 되었으나 정부의 자동차 튜닝에 대한 강한 규제 등이 튜닝산업을 얼어붙게 하는 원인이 되었던 반면, 최근에는 정부의 방침이 자동차 튜닝산업 활성화로 바뀜에 따라 다시 한번 대한민국에 자동차 튜닝의 새 바람이 불어오고 있는 것은 자동차 산업에 종사하는 한 사람으로서 정말 다행이라고 생각한다.

글로벌 자동차 생산대국의 자동차 문화가 그다지 오래되지 않은 상황에서 우리의 자동차문화를 더욱 견고히 할 수 있는 분위기가 조성되고 많은 사람이 관심을 갖게 된 것도 이 책을 출간하는 계기가 되었다.

국내 자동차 튜닝의 구분을 각 연구기관, 협회, 관련 기관 또는 전문가들이 여러 형태로 나름대로 정의를 하고 있지만, 국토교통부에서는 2013년 10월에 발간한 '알기 쉬운 자동차 튜닝 매뉴얼'에서 아래와 같이 3가지로 정의했다. 이 책에서는 독자들이 쉽게 이해할 수 있도록 자동차 내의 위치별로 구분하여 설명해 나갈 것이며 주로 승용차 운전자를 위하여 드레스업 튜닝, 튠업튜닝을 중점적으로 다룰 것이다.

우선은 정부에서는 튜닝의 구분을 (1) 빌드업 튜닝 (2) 튠업튜닝 (3) 드레스업 튜닝의 세 가지로 나누어 놓았다. 각 구분의 주요 내용을 살펴보자.

Build Up
Tuning 빌드업 튜닝

용어에서도 풍기듯이 차량 일부를 큰 틀에서 변경하는 것임을 짐작할 수 있을 것이다.
일반 승합, 화물자동차 등을 이용하여 사용 목적에 적합하게 특수한 적재함이나 차실 등의
구조를 변경하거나 원래 형태로 변경하는 튜닝을 말한다.
또한, 자동차등록원부 및 자동차등록증에 자동차 용도, 최대적재량 및 자동차 총중량 등을
튜닝 후의 제원으로 기재사항을 변경할 필요가 있다.

● 내장, 냉동탑차, 소방차, 견인차, 탱크로리, 청소차, 크레인 카고 등

Tune Up
Tuning 튠업 튜닝

엔진 및 동력전달장치, 주행, 조향, 제동, 연료, 차체와 차대, 연결 및 견인, 승차, 소음방지, 배출가스 발산 방지, 등화장치, 완충장치 등의 성능 향상을 목적으로 하는 튜닝을 말하며 한 마디로 차량의 성능을 높여주는 작업이라고 이해하면 된다.

일반적으로 운전자들이 이야기하는 자동차 튜닝의 대부분이 튠업 튜닝이라고 볼 수 있다.

● 터보장착, LPG 및 CNG, 소음기, 쇽업소버, 브레이크 디스크 변경 등

Dress Up Tuning
드레스업 튜닝

주로 개인의 취향에 맞게 자동차를 꾸미기 위하여 외관을 변경하거나, 색칠하거나 부착물 등을 추가하는 튜닝을 말한다.

초보자 입장에서는 튜닝을 시작할 때는 쉽게 이해하고 외관상으로 바로 변화를 알아볼 수 있는 드레스업 튜닝에 관심을 두고 튜닝을 시작하는 것도 좋은 방법일 것이다.

실제로 국내 대부분의 튜닝 마니아들은 개별적으로 처음 자동차의 튜닝을 시작했을 때는 주로 드레스업 튜닝을 시작점으로 생각하는 경향이 크다.

● 에어댐 장착, 보디 페인트, 컬러필름 부착, 에어 스포일러 장착, LED 등화 설치, 휠 또는 타이어 교환, 음향기기 장착, 차실 내장재 교환 등

02 왜 남자들은 자동차 튜닝에 열광하나?

초등학교에 들어가기 전에 아이들이 노는 것을 유심히 살펴보면 남자아이들과 여자아이들의 놀이 소도구에서 차이점을 쉽게 느낄 수가 있다.

일반적으로 여자아이들은 인형이나 예쁜 것들이 놀이도구가 되지만 남자아이들은 로봇이나 장난감 자동차가 주로 놀이도구인 것은 도대체 무슨 DNA 때문일까?

필자가 생물학자나 심리학자는 아니지만 대부분 남자아이의 의식 속에는 자동차와 연관이 있는 것임이 틀림없다.

어른들의 마지막 장난감, 자동차

이렇게 자라난 아이들이 커서 청년이 되고 중년이 되면 남자들의 마지막 장난감이 자동차가 되는 것은 어찌 보면 자연스러운 것인지도 모르겠다.

1988년 서울올림픽 이후에 국내에는 모터라이제이션(Motorization)에 따라 자가용이 대중화되기 시작하였으며 그 당시를 되돌아보면 대부분 색깔은 하얀색 아니면 검은색이었던 기억이 있다.

또한, 차종도 그다지 다양하지 않았기 때문에 차만 보고 내차인지 구별하기 힘든 시절이었다. 그러던 것이 이제는 차종도 다양해지고 차량의 색깔도 많이 다양해졌다. 하지만 아직도 나만의 개성을 표출하고자 하는 욕망은 자동차에도 영향을 미쳐 자연스럽게 자동차 튜닝을 하는 대표적인 이유가 되었다.

여자들은 화장하고 예쁜 옷을 입어서 개성을 표출하듯이 남자들은 자동차에 튜닝을 함으로써 개성을 표출하고자 하는 것은 어찌 보면 당연하다고 할 수도 있는 것이다.

튜닝을 하는 목적은 개성뿐만 아니라 최근에는 자동차의 성능을 높이고자 하는 이유가 점차로 늘어나고 있다. 성능을 높이고자 하는 것은 단순히 강하게 하거나 빠르게 한다는 뜻만 있는 것이 아니라 주행 중에 안전하게 운행하고 연비를 개선하는 등의 모든 성능을 포함하는 것으로 이해해야 한다.

만약 주행 중 회전 시에 차량이 한쪽으로 쏠림으로 인하여 운전자의 조향능력을 떨어뜨려 사고로 이어질 우려가 있다면, 서스펜션이나 스태빌라이저 등을 활용해 선회 시 안전성을 높여 사고를 방지하는 것이 바로 성능 튜닝의 참 목적이 되는 것이다

마지막으로 내 차에 관심을 두고 시간과 돈을 들여 성능이 좋아지고 멋있어 짐으로써 운전자에게 기쁨과 행복을 준다는 것은 튜닝을 하는 또 다른 즐거움일 것이다.

어린 시절 소풍 가기 전 들떠서 소풍 당일보다는 소풍 전날이 더 행복했던 기억이 누구에게나 있을 것이다.

튜닝을 하기 전에 튜닝 부품을 알아보고, 튜닝 내용을 인터넷으로 조회하고 잘하는 튜닝샵을 찾아가서 서로 이야기하고 변화하는 내 차의 모습에 희열을 느끼는 것은 어찌보면 운전자와 자동차가 하나되어 가는 과정의 행복임이 틀림없다

남자들은 이러한 튜닝에 대한 무한한 갈증과 열망이 잠재되어 있으므로 숨겨진 욕망을 과감하게 시도해 보기 바란다. 그렇다고 무지막지하게 경제적으로 부담되게 하라는 말은 아니고 본인들의 경제적 수준을 고려하여 재미있게 자동차 튜닝을 즐기길 바란다.

▼ 개성 만점인 튜닝 자동차(국내 전시회)

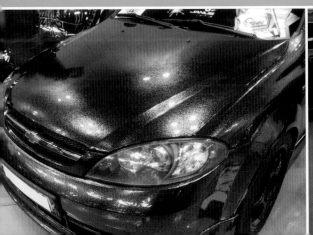

03 자동차 튜닝 부품 및 용어 어떤 것들이 있나?

자동차 튜닝을 알기 위해서는 튜닝에서 자주 쓰이는 부품 및 용어들을 익힐 필요가 있다.

튜닝샵에 가서 멋지게 내 차를 튜닝하거나 혹은 DIY를 위해 부품을 구매하고자 할 때 이러한 부품들을 모르면 어떤 부품을 주문해야 할지조차도 모르게 된다.

다소 낯설기는 하겠지만, 여기에서 부담 없이 한번 보고, 뒤쪽에서 튜닝 부품별로 좀 더 자세하게 다시 한 번 살펴보도록 하자.

Dress Up Tuning

드레스업 튜닝에 주로 사용되는
튜닝 부품(용어) 맛보기

에어로 파츠(Aero Parts)

에어댐(Air Dam)이라고도 하며 차체의 위로 흘러가는 공기를 이용해 차량을 바닥으로 내리는
역할과 차체의 밑으로 지나가는 속도를 높여 차량을 바닥으로 가라앉게 하는 역할을 하게 하
는 파츠를 에어로 파츠라고 한다. 일부러 공기저항을 만들어 코너링의 안정감을 주기 위한 에
어로 파츠도 있다.

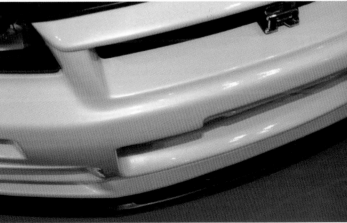

Dress Up
Tuning

🚗 리어 스포일러(Rear Spoiler) 또는 리어윙(Rear Wing)

트렁크에 다는 날개로 차가 달릴 때 공기가 스포일러, 리어윙을 눌러 차를 바닥으로 내려가게 하는 역할을 하며, 고속주행(직선)과 코너링 시 안정감을 준다(비행기의 날개와 반대의 역할).

Dress Up
Tuning

 카나드 (Canard) = 컵윙 (Cup Wing)

에어댐이나 프런트 범퍼 하단에 다는 지느러미 같이 생긴 부품이다.
기본적으로 프런트에 장착해 프런트의 저항을 높여 프런트 부분을 바닥으로 내리는 역
할을 한다.

Tip 카나드 (canard)

항공기의 주날개 앞쪽에 붙은 작은 날개를 말한다. 우리말로는 '귀날개'라고 부른다.

 와일드보디 튜닝 (Wild Body Tuning)

코너링의 안정감을 높이기 위해 차량의 폭을 넓히는 방법으로 타이어가 차체(보디)보다 튀어 나오는 것을 방지하기 위한 것이다.

Dress Up
Tuning

오버 펜더(Over Fender)
펜더를 바깥쪽으로 나오게 하는 것이다. (펜더, 타이어 간의 간섭을 완화함)

Tip 와일드보디 튜닝과 오버펜더의 차이점

일반적으로 와일드보디 튜닝이란 휠의 오프셋, 휠 스페이서 또는 서스펜션 등의 튜닝으로 차폭을 넓히는 것을 말한다. 오버펜더란 와일드보디를 했을 경우 차체(보디)에 접촉 등이 예상되기 때문에 이것을 방지하기 위해 보디를 튜닝하는 부품으로 와일드보디 튜닝과 구분된다. 오버펜더는 제조사에서 출고된 차량의 보디에 추가되는 추가 보디부품과 펜더를 전체적으로 바꾸는 부품이 있다

Dress Up
Tuning

썬루프(Sun Roof)
차량의 지붕(루프, Roof)에 구멍을 뚫어 놓은
것이다.

튜닝 그릴(Grill)

라디에이터 그릴을 익스테리어 효과가 있게
변형한 것이다.

Dress Up
Tuning

 에어 덕트(Air Duct)

공기가 유입되고 유출될 수 있도록 한 덕트로서 범퍼 앞, 옆 등에 있으며 사용 목적에 따라 보닛 등에 장착한다.

여기서 사용 목적이라 하는 것은 일반적으로 차체 일부분을 냉각시키기 위한 수단으로 외부의 공기를 차체에 유입시켜 냉각시키는 목적과 차체에 있는 열기를 차체에 흘러가는 공기를 이용해 밖으로 내보내는 목적을 말한다.

엔진이 차 뒤에 있는 경우는 엔진에 공기를 넣어주기 위한 홀이 존재하며 차체 하단에 있는 에어홀의 경우는 일반적으로 리어브레이크를 냉각시키는 역할 등에 사용한다.

인치 업(Inch Up)

휠과 타이어의 사이즈를 확장시키는 것이다.

Dress Up
Tuning

튜닝 운전대 (Steering Wheel)

운전대의 원주율을 운전대 크기로 나타내며 단위는 센티미터이다. (30파이, 32파이, 35파이, 38파이). 원의 크기에 따라 돌린 각도와 조향각이 달라진다.

기어 노브(Gear Nob)

변속기의 조작대 끝 부분으로 기어봉이라고도 한다.

튜닝 페달(Pedal)

액셀러레이터, 클러치, 브레이크 페달의 보조
발판. 튜닝 페달을 장착함으로써 페달의 폭을
넓히고 페달과 페달의 간격을 좁혀 발의 이동
거리를 줄여 신속한 조작이 가능하게 된다. 단
주의점으로는 간격이 과하게 좁으면 페달을
밟을 때 동시에 밟히는 경우도 있기 때문에 주
의해야 한다.

버켓 시트(Bucket Seat)

주로 경기차량에 사용한다. 운전자의 몸을
감싸줌으로써 안정된 자세를 유지하며 특히
회전 시에 고정해 주는 역할을 한다.

Dress Up
Tuning

튜닝 미터(Tuning Meter)

오일, 수온, 유압 미터 등을 운전석 근처에 설치
하여 운전자가 한눈에 볼 수 있도록 배치한다.

Tune Up
Tuning 튠업 튜닝에 주로 사용되는 튜닝 부품(용어) 맛보기

오픈형 필터(Filter) 흡기필터가 오픈된 형상의 필터이다.

Tune Up
Tuning

🚗 튜닝용 밸브스프링(Valve Spring)

하이캠 사용 시 밸브스프링에 발생하는 서징(떨림) 현상을 방지하기 위해 사용하는 고강성 스프링을 말한다.

🚗 캠샤프트 가변 스프로킷(Cam Shaft Variable Sprocket)

캠 타이밍을 조절할 수 있는 스프로킷이다.

Tip 스프로킷(Sprocket)

회전축에 고정되어 체인의 각 마디 사이에 끼워져 맞물려서 회전함으로써 동력을 전달하는 전동용 기계요소로서 체인 기어라고도 한다.

🚗 단조 피스톤(Piston)

주 재료는 철(쇠)과 알루미늄을 사용하며 두드려서 만든 피스톤으로 내구성이 좋다.
현재는 알루미늄을 사용하는 경우가 일반적이다

🚗 배기 매니폴드(Exhaust Manifold)

엔진의 형식에 따라 차이는 있으나 4기통 엔진의 경우는 4개의 배기관이 1개로 모아지는 것과
4개의 배기관을 2개로 모으고, 2개로 모은 배기관을 1개로 모아서 보내지는 것들이 있다.
또한 직렬엔진, V엔진 등에 따라 배기관의 형상이 달라진다.

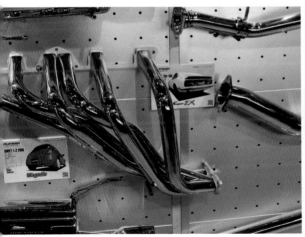 

Tune Up
Tuning

🚗 중간 머플러(Muffler)

전체 머플러 구성부품 중 중간 부분,
현장에서는 보통 '중통'이라고 부른다.

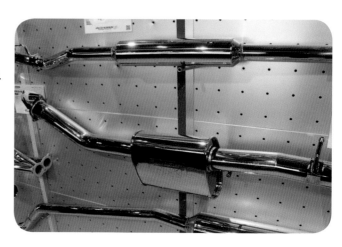

🚗 튜닝용 촉매장치(Catalytic Converter)

배기 저항을 낮춘 촉매장치를 말한다.

🚗 튜닝용 점화 케이블(Ignition Cable)

전력의 저항을 줄이면서 점화효율을 증가시킨 부품으로서
'울트라 케이블(Ultra Cable)' 이라고도 한다.

서스펜션(Suspension)

지면의 충격 등을 감소시켜 주고 승차감을 결정해 주는 쇼버와 스프링을 말한다.
현장에서는 보통 '써스'라고도 한다.

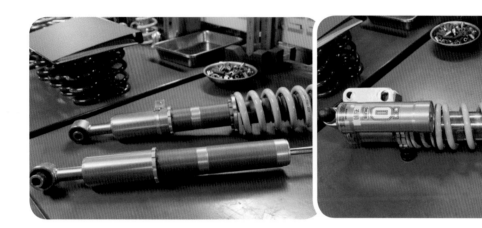

스트럿 바(Strut Bar)

엔진룸(보닛 안쪽)에 부착되는 쇠 또는 알루미늄 막대로 차량의 뒤틀림을 방지하고 강성을 높여준다.

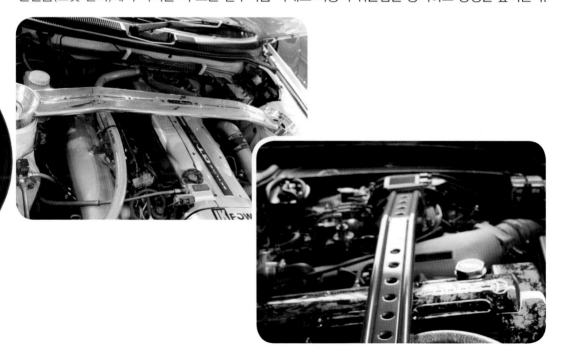

🚗 쇽업 쇼버(Shock absorber)

현가장치의 하나로 스프링과 함께 장착되어 스프링의 움직임을 완화해준다.
현장에서는 '쇼버' 또는 '댐퍼' 라고도 한다.

▲ 쇼버(일반 승용차용)

▼ 쇼버(포뮬러에 사용하는 레이스용 쇽업소버)

▲ 쇼버(렐리용 레이스 댐퍼)

◀ 포뮬러용 댐퍼

[엔진오일 편]
알면 돈되는 차량 소모품관리 Know-how

Q1) 주요 소모품 중에 제일 먼저 다루어야 할 것은 무엇인가?

차량을 운전하면서 소모품을 교환할 때 제일 먼저 접하게 되는 것은 엔진오일이다.
최신형 TV를 구매했다고 한다면 구매자는 그냥 TV 사용방법을 익히고 즐기기만 하면 되는데, 차량은 그냥 운전을 즐기기만 하는 것이 아니라 주기적으로 소모품을 교환해 줘야 하는 약간의 번거로움 또는 어떤 이에게는 재미를 주기도 한다.
그렇다고 매일 아침에 일어나서 차량의 보닛을 열고 점검한다는 것은 사실 쉽지 않은 일이므로 한달에 한번 주말에 차량 외관 및 내부를 청소하면서 보닛을 열어 엔진룸에 있는 여러 가지 주요 소모품들을 스스로 점검해 보는 것이 중요하다.
엔진 내부를 순환하는 엔진오일은 실린더 내의 폭발 시 발생하는 연소실 가스 온도가 약 2,500도인 점을 고려한다면 지속적인 열로 인해 스스로 타거나 성능이 저하되는 것은 어쩌면 당연할 수 있다.
그래서 엔진오일의 성능을 유지하기 위해 엔진오일을 주기적으로 교환하는 것이다.

Q2) 운전자가 엔진오일 관련하여 평소에 점검해야 할 사항은 무엇인가?

엔진오일의 자가점검 방법은 오일의 색깔과 오일의 양을 확인하는 것이다.
차량의 주요 소모품은 대부분 차량의 앞부분 차량의 보닛(bonnet)을 열어 보면 '엔진룸'이라고 하는 곳에 모여 있다고 보면 된다.
엔진오일을 점검할 때는 우선 시동을 걸어 냉각수의 온도 게이지가 중간쯤 올 때까지 기다렸다가 평평한 곳에서 시동을 끄고 5분 정도 지나서 측정하는 것을 권장한다.
이렇게 사전준비를 하고 앞에서 말한 보닛을 열고 보면 중앙에 놓인 엔진 주위에 길쭉하게 생긴 쇠막대인 오일 게이지를 쭈~욱 뽑아서 오일을 확인하는 것이다.
새로 교환한 엔진오일의 색깔은 노란색이며, 뜨거운 열을 지속해서 받으면서 연한 갈색으로 변했다가 짙은 갈색으로 변하게 된다.
짙은 갈색으로 변했을 때를 엔진오일 교환시점으로 보면 되는데, 보통 광유는 주행거리가 5천~7천km에서 교환을 하고, 합성유는 1만km정도에서 교환을 하는 것이 일반적이며, 운전자의 운전습관이나 차량의 상태에 따라 달라질 수 있다.
오일의 양은 게이지 끝 부분에 찍힌 두 개의 점을 기준으로 판단한다. 아랫부분 점은 L(Low)이며, 윗부분 점은 F(Full)이다. 내 차량의 엔진오일이 두 점의 중간지점에 있다면 정상이라고 보면 되고, 점검 시마다 오일이 줄어들거나 아래 점 밑에 있다면 바로 가까운 정비소를 방문하여 점검을 받아야 한다.

Q3) 엔진오일에서 광유과 합성유의 차이는 무엇인가?

석유에서 윤활유를 추출할 때 광유는 중질유에서 뽑아내어 다수의 오염물을 포함하고 있기 때문에 가격이 저렴하며, 합성유는 윤활의 목적으로 개발된 오일이며 불순물이 적은 합성물질로서 가격도 광유에 비해 비싸고 사용기간도 약 2배 정도 차이가 난다.

Q4) 엔진오일 교환을 위해 정비소에 방문할 때 꼭 알아두어야 할 사항은?

모든 차량은 해당 차량에 적합한 엔진오일의 종류가 있다. 이러한 적합한 엔진오일의 종류는 차량 구매 당시 차량 회사에서 제공하는 '차량관리 매뉴얼'을 보면 명시되어 있다. 아무 엔진오일이나 넣으면 안 된다는 뜻이다. 특히 최근에 디젤차량은 '디젤매연 절감장치'라고 하는 DPF가 부착된 차량이 대부분인데, 이러한 차량에는 그냥 '디젤 엔진오일'이 아닌 'DPF용 디젤 엔진오일'을 주입하여야 한다. 장기적으로 일반 디젤 엔진오일 사용하면 해당 부품이 손상되어 필요 없는 비용을 지급하는 경우가 발생할 수 있기 때문이다.

레이싱카의 연료와 연료탱크

레이싱카의 연료는 어떤 연료를 사용하나?

기본적으로 레이싱카도 일반연료(가솔린)를 사용한다. 물론 일반연료가 아닌 고급휘발유를 사용하는 것이 주류이다. 레이싱 차량에 따라 디젤인 경우는 경유(디젤유)를 사용하고, 미국에서 인기가 많은 인디(INDY)카의 경우는 에탄올을 사용하고 있다.

그렇기 때문에 미국 인디레이스를 관람하다 보면 경기 중에 타이어를 교환하고 연료 공급 후 차에 물을 뿌리는 영상을 볼 수 있는데, 이것은 에탄올을 사용하므로 연료에 불이 붙어도 보이지 않기 때문에 물을 뿌려 화재를 방지하려는 수단이기도 하다.

또한, 일반 레이싱카는 고급 휘발유를 사용한다. 피트 작업 중 연료 공급이 끝나면 안전을 위해 소화기를 살짝 뿌려주는 이유이다.

연료탱크는 어디에 있나?

포뮬러의 경우는 드라이버 운전석의 등쪽에 있다. 모노코크(Monocoque) 안에 들어가 있다. 또한, 슈퍼지티 같은 차량도 포뮬러와 마찬가지로 모노코크 안에 설치되어 있다.

연료의 무게에 따라 차체 전체의 밸런스와 차량 세팅에 반영되기에 무게변동이 조금이라도 적은 중심점에 가까운 곳에 설치하는 이유이기도 하다.

에어로 파츠 튜닝

자동차 튜닝의 시작은 외관을 튜닝하는 데서부터 시작한다고 해도

과언이 아니다.

또한, 튜닝을 통한 경제적인 부담은 다행히도

외관에서부터 빛을 발하기 때문에

부담 없이 투자를 하게 되는 것이다.

여기서는 주로 에어로 파츠를 이용한 외관 드레스업 튜닝에 대해

알아보자.

튜닝승인 필요없음 튜닝승인 필요 **튜닝제한**

04 에어로 보닛(Aero Bonnet) 교체하기

일반적으로 순정 보닛의 재질은 철로 되어 있다.

무게는 약 15~17㎏ 정도이다. 이 부분을 FRP 또는 Carbon 제품으로 교체하자.

무게는 FRP 제품은 약 10㎏ 미만이고 드라이 카본일 경우는 6㎏ 정도이다.

물론 가격을 비교했을 경우 FRP 상품과 비교하면 카본상품이 약 2배 정도 비싸다.

또, 튜닝용 보닛을 보면 보닛에 여러 형태의 구멍들이 만들어져 있는데 그 이유는 엔진룸에 있는 열기를 밖으로 보내주기 위한 수단으로 주행 시 보닛 위로 흘러가는 바람을 이용해 엔진룸에 발생한 열기를 식혀주는 역할을 한다.

그렇다고 모든 에어로 보닛이 냉각을 위한 것만은 아니고, 디자인과 경량화를 위한 수단으로도 만들어져 있기 때문에 자신의 취향과 목적에 적합한 에어로 보닛을 선택하는 것이 좋다.

에어로 보닛은 일반 보닛보다 강도가 약한 상품도 있기 때문에 주행 중에 날아가거나 파손될 가능성이 있으므로 추가로 보닛핀(본핀)을 프레임에 장착한다.

또한, 레이스에서는 규정상 밖에서 보닛을 열 수 있게 해야 하는 의무도 있기 때문에 본핀을 장착한다.

Tip FRP제품 (Fiber- Reinforded Plastic, 섬유강화 플라스틱)

유리섬유를 감화재로 한 복합재료를 일컬으며 플라스틱이 갖고 있는 내식성, 성형성이 있다.

강도가 높고 가벼워 욕조, 헬멧, 항공기 부품으로 사용된다.

▼ 카본 보닛

보닛핀(본핀) ▶

▲ 에어로 보닛

튜닝승인 필요없음　튜닝승인 필요　튜닝제한

05 프론트, 리어 범퍼 교체하기

일반적으로 보닛과 달리 범퍼는 FRP로 만들어져 있다.

범퍼도 보닛과 같은 방식으로 라디에이터, 브레이크 등에 더 많은 공기를 주입해 전체적인 부분을 식히는 역할을 한다. 또, 큰 사이즈의 라디에이터를 장착했을 경우 기존의 라디에이터보다 커지므로 하중에 의하여 지면쪽으로 내려가는 경향이 있어 라디에이터를 보호하기 위한 수단으로도 많이 쓰이고 있으며, 주행 중 하체로 흘러가는 공기의 속도를 약간 높이는 기능과 다운포스를 늘리는 기능을 가지고 있기도 하다. 전체적으로 다운차량으로 변형되는 경향이 있으며 단점으로는 하체가 내려간 만큼 둔덕 등에 부딪혀서 파손되는 경우가 많기 때문에 운전에 주의해야 한다.

▲ 프론트 범퍼

범퍼를 제작하는 글루벌 브랜드로는 TRD, MUGEN, NISMO 등이 있다.

06 에어터널(Duct) 장착하기

덕트(Duct)는 여러 가지의 형태가 존재하기 때문에 어느 부분에 장착하는지 어떤 부분을 냉각시킬지를 생각해서 상품을 찾는 것이 바람직하다.

그 중에서도 미국 NASA에서 개발한 상품이 일반적으로 많이 사용되고 있다. 특징으로는 공기의 흐름을 고려해 적은 면적으로 공기를 안으로 들여보내는 방식과 안에 있는 공기를 밖으로 끌어내도록 디자인되어 레이싱에서도 많이 사용하고 있다. 이것을 일반 범퍼용으로 가공해 장착할 수 있다.

가공으로는 자기가 원하는 곳에 구멍을 뚫어 접착제와 리벳으로 고정한다.

단순한 작업이기에 누구나 쉽게 장착 가능한 부품이다. 단, 우선적으로 냉각에서는 브레이크와 엔진의 흡입구에 조금이라도 많은 공기를 공급하도록 장착하는 것을 추천한다.

◄ NASA DUCT

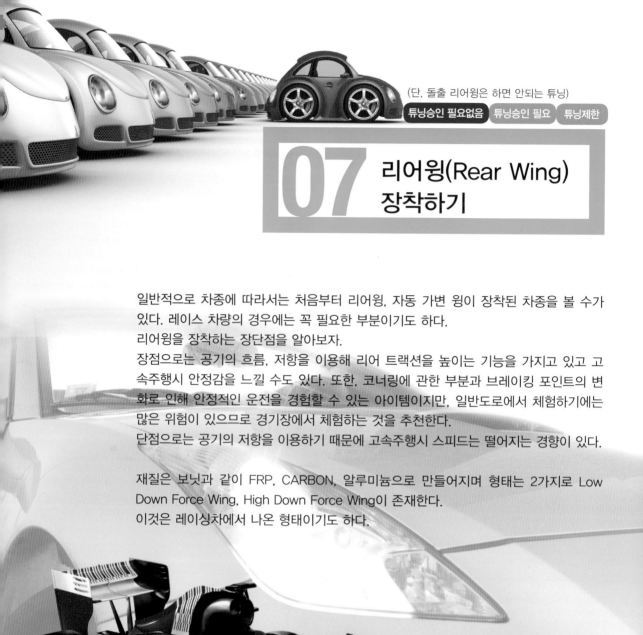

(단, 돌출 리어윙은 하면 안되는 튜닝)

튜닝승인 필요없음　튜닝승인 필요　튜닝제한

07 리어윙(Rear Wing) 장착하기

일반적으로 차종에 따라서는 처음부터 리어윙, 자동 가변 윙이 장착된 차종을 볼 수가 있다. 레이스 차량의 경우에는 꼭 필요한 부분이기도 하다.

리어윙을 장착하는 장단점을 알아보자.

장점으로는 공기의 흐름, 저항을 이용해 리어 트랙션을 높이는 기능을 가지고 있고 고속주행시 안정감을 느낄 수도 있다. 또한, 코너링에 관한 부분과 브레이킹 포인트의 변화로 인해 안정적인 운전을 경험할 수 있는 아이템이지만, 일반도로에서 체험하기에는 많은 위험이 있으므로 경기장에서 체험하는 것을 추천한다.

단점으로는 공기의 저항을 이용하기 때문에 고속주행시 스피드는 떨어지는 경향이 있다.

재질은 보닛과 같이 FRP, CARBON, 알루미늄으로 만들어지며 형태는 2가지로 Low Down Force Wing, High Down Force Wing이 존재한다.

이것은 레이싱차에서 나온 형태이기도 하다.

Tip High Down Force Wing / Low Down Force Wing

High Down Force Wing : 고속주행보다는 안정감, 코너링, 브레이킹 포인트를 우선으로
　　　　　　　　　　만들어진 윙
Low Down Force Wing : 직선 스피드, 직선의 안정감을 우선으로 만들어진 윙

리어윙을 제작하는 글로벌 브랜드로는 TRD, MUGEN, NISMO등이 있다.

튜닝승인 필요없음　튜닝승인 필요　튜닝제한

08 오버 펜더(Over Fender) 장착하기

오버 펜더를 장착하는 이유는 AXLE TRACK을 넓히기 위한 수단으로, 일반적으로 각 나라마다 법률로써 펜더 밖으로 타이어가 나오는 것을 금지하고 있다.
이 부분을 별도의 부품을 장착해서 트랙을 넓힐 수 있는 범위를 만들어가는 것이다.
각국의 자동차법이 다르기 때문에 그 나라에 맞는 법의 기준안에서 튜닝하여야 하며 국내에서는 오버 펜더 장착을 제한하고 있다. 일본의 경우에는 구조변경 승인을 통하여 허용하고 있다.

차체의 폭을 넓히면 타이어의 트랙을 넓힐 수 있기 때문에 별도 부품을 장착해 폭을 넓힌다.

Tip
Axle Track : 왼쪽 타이어 센터에서 오른쪽 타이어 센터까지의 거리를 말함.

[브레이크 패드, 브레이크 오일 편]
알면 돈되는 차량 소모품관리 Know-how

Q1) 최근 안전에 대한 중요성이 높아짐에 따라 자동차의 안전장치 중에서 안전띠와 함께 브레이크에 대한 관심도 높아가고 있다. 브레이크 관련하여 운전자가 평소에 점검해야 할 것은 어떤 것들이 있을까?

달리는 것보다 중요한 것이 서는 것이다. 차량의 엔진 성능이 높아 마력과 토크가 높으면 높을수록 제동하는 브레이크의 성능이 같이 높아져야 하는 것은 당연하다. 고성능 스포츠카나 F1 경주용 머신들의 브레이크 관련 부품이 일반 제품보다 고성능인 것은 고속에서 제동능력을 높여줌으로써 운전자와 차량 모두 안전하게 보호하고자 하는 것이다.
흔히 알고 있는 브레이크 관련 소모품은 브레이크 패드만을 생각할 수 있는데 한 가지 더 있다. 바로 브레이크 오일이 그것이다.

Q2) 평소에 브레이크 오일은 어떻게 점검해야 하는가?

운전자가 차량을 세우고자 할 때에 운전자는 브레이크 페달을 밟게 되며 그 힘은 브레이크 라인을 통해 브레이크 패드로 전달되어 최종적으로는 브레이크 패드와 디스크의 마찰로 인하여 자동차가 정지하게 된다. 이때 힘을 전달해 주는 매개체가 바로 브레이크 오일이다.
운전자가 할 수 있는 브레이크 오일 점검은 브레이크 오일의 양을 확인하는 것으로, 차량 엔진룸 안의 운전석 앞쪽에 위치해 있는 브레이크 오일 리저브 탱크에 표시된 Max와 Min의 눈금 중간에 오일이 위치하면 정상이라고 판단하면 된다. 만약 Min에 가까워져 있으면 중간에 누유되었거나 아니면 브레이크 패드의 두께가 얇아져서 패드 교환 시점이 도래했다고 판단하면 된다.

Q3) 그렇다면 브레이크 오일은 양만 점검하면 되는 것인가?

아니다. 브레이크 오일의 양을 점검하는 것보다 더 중요한 것은 바로 브레이크 오일 속 수분함유량을 측정하는 것이다. 브레이크 오일은 수분을 흡수하는 성질이 강해서 시간이 지남에 따라 수분함유량이 높아지고 그렇게 되면 브레이크 패드와 디스크에 고온의 마찰열이 발생할 때 오일에 포함된 수분이 끓게 되어 브레이크 오일 라인에 수증기 기포가 생성된다. 이럴 경우 운전자가 브레이크 페달을 밟아도 충분한 제동이 이루어지지 않기 때문에 브레이크 오일을 적절한 시점에서 교체하는 것은 매우 중요하다. 일반적으로 정비소의 전문 정비사들이 사용하는 브레이크 오일 수분 테스터기를 활용하여 수분 함유량이 약 3~4% 정도가 표시되면 교환하도록 권장하고 있다. 평균적으로 주행거리가 3만~4만km 정도 시점이라고 생각하면 될 것이다.

Q4) 브레이크 패드는 평소에 어떻게 점검해야 하나?

앞에서도 말했듯이 브레이킹은 최종적으로 브레이크 패드와 디스크의 마찰력으로 차량이 멈추게 되는 것이다. 보통 새로 교환한 브레이크 패드의 두께는 약 10mm   이며, 교환시기는 약 3mm 정도 남았을 때 교환하면 된다고 보면 된다.
물론 일상점검에서 패드의 두께를 정확하게 측정하기는 어려운 점이 있지만, 차량 정차상태에서 타이어 안쪽을 손전등 등을 이용하여 육안으로도 충분히 마모상태를 확인할 수 있다.
또 다른 방법은, 브레이크 패드에는 교환시점을 알려주는 인디케이터(Indicator)라는 부품이 달려있어서 브레이크 패드가 어느 정도 마모되어 교환시점이 되면 쇠가 부딪치는 '삑~삑' 하는 소리가 브레이크 패드 쪽에서 들리게 된다. 앞서 말한 3mm에서 좀 더 사용하게 되는 경우이며 이 시점에서 바로 정비소를 방문하여 브레이크 패드를 교환하면 된다. 혹시라도 브레이크 교환시점을 놓치게 되면 브레이크 디스크가 손상되어 더 많은 경제적인 손실이 발생할 수 있으므로 제때에 교환해주는 센스가 필요하다.

레이싱카의 연료 주입방법

일반 차량은 주유소에서 총처럼 생긴 것을 주유구를 열고 넣어서 연료를 주입한다.

레이스차량은 주요소에서 사용하는 총으로는 연료 주입이 어렵다(일반 차량과 같은 주유구도 있음).

레이스 중에 연료를 공급하는 레이스일 경우는 시간과의 싸움이므로 연료 또한 빠른 속도로 공급해야 하기 때문에 이 부분을 고려해서 제작한다.

여러 레이스 영상을 보면 연료 호스를 가지고 있는 사람이 연료를 넣는데, 연료주입장치는 차량 옆에 2개의 구멍이 있어 하나는 연료가 들어가고, 하나는 연료탱크에 있는 공기를 밖으로 빼기 위한 역할을 해 연료가 들어가기 수월하게 되어 있다.

차종에 따라 좌우 하나씩 달려 있는 것과 나란히 2개의 주입구가 있는 것이 있다.

최근에는 하나의 주입구 안에 2개의 구멍이 있어 가운데로 연료가 들어가고 외각의 구멍으로 연료탱크의 공기를 밖으로 빼준다.

또한, 연료가 들어가는 속도도 일반 주유소보다 매우 빠르다(1초당 2~3ℓ의 속도로 주유).

차량 실내 튜닝

차량의 외관 및 내부에 부착물을 부착하는 방식인 드레스업 튜닝의 외관(익스테리어)을 앞장에서 둘러보았다면 이번장에서는 드레스업 튜닝의 또 한가지 부분인 차량내부(인테리어)를 중심적으로 몇 가지 튜닝부분을 알아보도록 하자

9. 롤 케이지(Roll Cage)
10. 운전대(Steering Wheel)
11. 시트(Seat)
12. 안전띠(Safety Belt)
13. 미터(Meter)
♣ 쉬어가기(3) 알면 돈되는 차량 소모품관리 Know-how [에어컨 필터 편]
♣ 레이싱카 상식(3) 레이싱카의 연료주입량

09 롤 케이지(Roll Cage) 장착하기

롤 케이지란 기본적으로 파이프로 차량의 실내에 조립(용접)하는 용품으로서 차량 전복 사고 등이 발생했을 경우 운전자를 보호하기 위한 목적이 있다.
또한, 롤 케이지 장착으로 보디의 뒤틀림을 제한하는 역할을 하기도 한다.

보디의 뒤틀림을 제한함으로써 서스펜션 운동으로 입력되는 힘이 다른 부분으로 빠져 나가는 것들을 보강해 입력된 힘의 손실을 줄이는 역할을 한다.

차량은 기본적으로 노면, 코너링에서 뒤틀림이 발생한다. 차량의 무게비중을 보면 엔진 룸이 뒤편과 비교해 상대적으로 무거우므로 스트럿 바를 장착해 엔진룸의 뒤틀림을 방지하는데, 스트럿 바를 장착하면 엔진룸의 뒤틀림이 적어지는 현상은 있지만, 엔진룸에서 휘어 틀어지려는 힘이 보디(실내)에 전달되는 현상이 발생한다. 그러므로 특히 코너링에서 엔진룸이 뒤틀어지고 다음으로 실내로 뒤틀림이 전달되는데 실내가 뒤틀어지는 경우에는 시간적 차이가 발생하는 경우가 생긴다.

롤 케이지의 설치로 엔진룸과 차체의 뒤틀림이 동일시간에 발생하여 차량 전체에 발생하는 손실을 줄일 수 있다.

롤 케이지의 장착에서 중요한 부분은 파이프의 두께가 안전성을 좌우하기도 한다.
롤 케이지는 운전자를 보호하는 역할을 한다. 파이프의 두께(지름)에 따라 사고가 발생했을 경우 충격 때문에 파이프 자체가 구부러지면서 충격을 흡수하는 구조로 만들어지는데, 파이프의 두께가 작은 경우는 충격이 가해졌을 경우 파이프 자체의 강도가 저하되므로 파손되는 경우가 발생하기도 한다. 파손된 파이프 자체는 운전자를 보호하기 위한 롤 케이지가 역으로 운전자에게 위협을 주는 흉기로 바뀔 수도 있기 때문에 롤 케이지 선택 또는 제작에서 파이프의 두께가 중요한 역할을 한다. 또한, 일반적으로 롤 케이지를 장착할 때 여러 용접돼야 할 부품을 볼트, 너트를 많이 사용하고 있는데, 그 부분도 역시 체결 방법에 따라 충격으로 인해 파손되느냐, 구부러지느냐의 변화가 생기는 경우가 있으므로 이점은 충분히 주의해야 한다.

일본, 유럽 등의 레이스 차량은 카테고리에 따라서는 롤 케이지를 전부 용접이 아니면 안 되는 규정도 있고, 볼트를 사용하는 경우도 있다. 또한, 롤 케이지의 현재의 규정으로 FIA(국제자동차 연맹) 규정을 보면 두께가 3mm 이상으로 지정되어 있기도 하다.

또한, 오픈카의 경우는 운전석 뒤 부분에 역 U자 모양의 케이지를 장착해 전복 시 운전자를 지켜주는 역할을 한다.

롤 케이지를 제작하는 글로벌 브랜드로는 CUSCO, SPARCO, OMP 등이 있다.

(단, 직경이 동일한 운전대)

튜닝승인 필요없음　튜닝승인 필요　튜닝제한

10 운전대(Steering Wheel) 교체하기

운전대를 교체하는 것은 튜닝의 기본이라고 할 정도로 누구나 쉽게 접할 수 있는 튜닝 파트이기도 하다.

운전대를 교체하는 이유는 순정 운전대를 지름을 작은 운전대로 교체함으로써 핸들링의 거리(각도)를 줄일 수 있다. 단, 국내에서는 현재 지름이 다른 운전대로 교체하는 것은 자동차 법으로 금지하고 있어서 튜닝할 때 주의를 요구하는 항목이기도 하다.
아직은 운전대의 지름을 줄여서 튜닝하는 것에 대한 제도적인 장치가 마련되어 있지는 않지만, 조만간 그러한 세부적인 항목들도 튜닝이 가능해질 수 있다는 희망을 품는 의미에서 아래 내용은 미리 학습해 두자.

운전대의 지름이 줄어들면 같은 각도로 운전대를 움직일 경우를 비교하면 노면에 접지된 타이어 좌우의 움직임의 각도가 커져 차체의 움직임을 빠르게 할 수 있다. 단, 차량 출고 시 장착된 운전대의 지름에 비해 급격히 작은 사이즈로 교체하는 것은 드리프트에는 적당하지만, 일반 거리나 경기장에서 주행하기에는 적합하지 않은 경우도 있으므로 운전자의 운전스타일에 맞는 선택이 중요하다. 또한, 운전대의 종류에 따라 운전자의 포지션과 운전대의 거리가 달라지므로 자기 자신의 안정적인 포지션에 맞는 운전대(오프셋)를 선택해야 안정적인 코너링이 가능하다.
운전대를 장착할 때는 순정 운전대를 탈착 후 허브라는 별도 용품을 추가 장착하기도 하는데 이는 허브에 운전대를 고정함으로써 안정된 핸들링을 할 수 있도록 만드는 것이다.

운전자의 포지션과 운전대의 거리를 섬세하게 조정할 경우는 허브와 운전대 사이에 스페이서를 장착해 운전대를 운전자 측으로 가져오는 튜닝도 있다. 단, 거리를 늘리기 위해 스페이서 대신에 볼드의 와셔를 사용하는 경우도 있는데 이것은 핸들링 중 와셔가 파손될 가능성이 높기 때문에 절대 사용해서는 안 된다.
최근의 순정 운전대 경우는 에어백이 기본적으로 장착된 차량이 점점 늘어나고 있으므로 튜닝용품 운전대의 장착에 여러 가지 어려움이 발생하기도 한다.

운전대를 제작하는

글로벌 브랜드로는 SPARCO, MOMO 등이 있다.

11 시트(운전석, Seat) 교체하기

순정 시트는 표면적으로는 가죽이나, 천으로 시트 전체를 감싸고 있고 누구나 쉽게 승하차할 수 있도록 장착되어 있는데 시트를 교체함으로써 시트 전제가 몸을 감싸주어 고속 코너링 시 원심력과 옆의 G(중력)에 견딜 수 있도록 설계되어 안정적인 코너링을 도와주는 역할을 한다.

시트의 종류는 크게 풀 버겟 시트, 세미 버겟 시트 등 2가지로 나누어진다.

'풀 버겟 시트'의 경우는 등받이가 고정되어 있어 정확한 위치를 만들어주는 시트이다. 단점으로는 등받이와 몸의 옆부분을 감싸고 있어 일반적인 장거리 주행에서는 역으로 피로감이 발생할 수도 있다.

또한, 시트의 종류에 따라 각국의 규정에 위반되는 경우도 있으므로 규정에 맞는 시트를 선택해야 한다.

'세미 버겟 시트'는 등받이 부분을 보강해 일반 시트와 동일하게 등받이가 움직이게 되어 있고 옆의 G에 어느 정도 견딜 수 있도록 몸을 감싸도록 설계되어 있다. 단 풀 버겟 시트와 비교하면 G에 견디는 부분은 약간 떨어지지만, 일반거리주행과 장거리주행에서는 쾌적한 운전을 즐길 수가 있다.

정착 시에는 튜닝시트만 가지고는 일반 시트와 교체가 안되므로 별도 부품인 차종별 시트레일을 장착해 시트 레일 위에 튜닝 시트를 고정한다.

Tip G란?

중력가속도 라는 의미로 영문으로는 Gravitational acceleration을 줄여 첫 글자를 사용한다. (중력의 가속도 단위(m/s²) (예 1.0G = 9.806 65m/s²) G란 여러 가지 계산방법이 있으나 조금 복잡한 문제도 있으므로 단순한 의미만 전달한다.

차량을 예로 들었을 경우 차량이 리프트 등에 올라가 있는 상태(떠 있는 상태)를 0G라고 한다. 차량이 바닥에 내려왔을 경우를 1G라고 한다.

또한, 운전자가 고속으로 선회할 경우 운전자에 가해지는 힘도 '사이드G' 라고 한다.

이 또한, 속도와 관련된 사항이지만 간단하게 말하면 자기 자신의 체중과 같은 무게가 가해졌을 경우를 1G라고 한다. 이것 또한, 속도와의 연관성을 가지고 있다.

시트를 제작하는 글로벌 브랜드로는 SPARCO, BRIDE , RECARO 등이 있다.

▲ 풀 버켓시트

▲ 세미 버켓 시트

▲ 시트 뒷 모습

▲ 시트를 고정시키는 스트레일

12 안전띠(Safety Belt) 장착하기

누구나 운전 중에는 안전띠를 착용하는 것이 기본적인 행동이다.

일반차량의 안전띠의 경우 누구나 착용할 수 있고 자유롭게 움직일 수 있으며, 사고 발생 시 안전띠의 록 장치에 의해 고정되는 역할을 하고 있다.

여기서는 일반적으로 레이스나 서킷에서 필수적으로 필요한 안전띠를 장착해 운전자를 보호하고, 전후좌우의 G(중력)로부터 몸 전체를 잡아주는 벨트를 장착하자.

튜닝용 안전띠는 2가지가 있다.

4점식과 5점식으로 나누어져 있는데 운전자의 취향대로 선택할 수 있다.

4점식 안전띠는 허리와 배 부분을 고정하는 벨트와 좌우의 어깨를 고정하는 벨트로 구성되어 4점식이라 한다.

안전띠의 장착에서는 롤 케이지가 장착되어 있을 경우는 어깨 벨트를 뒤에 있는 롤 케이지에 연결하는 방법과 차량의 보디에 별도의 훅을 장착해 훅에 벨트를 고정하는 방법이 있다. 그 외로 뒷좌석의 안전띠 연결 부분에 고정하는 방법과 뒤의 의자부분에 훅이 장착된 차종도 있으므로 그 부분에 연결하는 방법이 있다.

또한, 허리와 배를 고정하는 부분에서는 차량 출고 시 부착된 안전띠를 고정하는 부분에 같이 장착하는 경우가 많다.

5점식의 경우는 위 내용에 추가로 시트의 밑에서 고정해 허리와 배를 고정하는 벨트에 연결되는 벨트가 추가됨으로써 몸 전체를 더욱 단단하게 고정한다.

4점식의 경우 어깨벨트를 조일수록 허리와 배를 고정하는 벨트가 위로 올라가는 경우가 발생해 자신이 원하는 위치에 고정하기에는 많은 어려움이 있었으나, 5점식으로 인해 벨트가 위로 올라가는 부분을 시트 밑의 벨트로 제한해 이상적인 포지션을 만들 수 있는 장점이 있기도 하다.

레이스의 카테고리에 따라 4점식과 5점식의 규정이 정해져 있기도 하고 최근에는 안전띠와 별도로 HANS라는 것을 헬멧과 연결해 충격사고시 목을 보호하는 장치로 사용하며, HANS를 착용할 때 쓰여지는 안전띠도 있다.

▲ 안전띠 (4점식)

▲ TAKATA(HANS용) 5점식

안전띠를 제작하는 글로벌 브랜드로는 SPARCO, TAKATA, Sabelt 등이 있다.

▼ 한스 착용모습

Tip

HANS란 헬멧과 연결되어 있어 시트벨트와 같이 착용하는 안전장치이다

13 미터(Meter) 추가 장착하기

차량의 계기판을 보면 일반적으로 속도계, 엔진 회전계(RPM), 배터리, 수온계(아날로그) 정도의 미터가 장착되어 있다.

일상생활에서는 위 사항의 미터만 가지고도 충분한 기능이지만, 엔진튜닝으로 인해 엔진의 회전율이 높아지고 차량의 속도와 코너링 스피드도 높아짐에 따라 추가로 미터를 장착함으로써 오일관계, 수온관계를 체크하고 엔진과 차량의 상태를 수치로서 확인할 수 있다.

최근에는 ECU와 연결된 OBD2라는 단자가 달려 있어 이곳에 연결해 스마트폰 등으로 표시할 수 있도록 개발되는 경우도 있다.

▲ 스마트폰과 연결되는 미터

▲각 미터들

🚗 유압계

유압계란 엔진오일의 압력을 측정하는 계기이다. 유압의 저하로 인하여 오일의 원활한 흐름이 이루어지지 않아서 유온이 높아지고, 오일의 점도가 떨어짐써 결과적으로 엔진에 문제가 발생하게 된다. 또한, 경기장에서의 주행, 드리프트를 할 경우 엔진 밑부분에 장착되어 있는 오일팬 안의 오일이 측면으로 기울어지는 경우가 있는데, 이 때 오일의 공급량이 떨어져 윤활이 저하되므로 해당 부품이 파손되는 경우와 오일의 양이 저하되면서 일정한 오일 공급이 떨어지는 경우가 생기는데 이것을 유압계를 장착함으로써 확인할 수 있으며 엔진 트러블 예방도 가능하다.

일반적으로 유압계의 수치는 수온과 유온이 안정된 상태일 때 약 196kPa(2kg/㎠) 전후를 기준으로 생각하면 된다. 물론 엔진오일의 품질에 따라 기준이 되는 수치가 변동되기도 한다.
또한, 자신의 차량이 고회전 시 유압이 어느 정도 올라가는지 확인하는 것도 운전방식을 변경하는데 참고가 되기도 한다.
참고로 유압은 엔진 회전 속도에 따라 올라가는 것이 일반적이기도 하지만, 아이들링 시 압력이 100kPa 이하일 경우 위험한 상태를 나타내며, 또한, 차종에 따라 다르지만 4000rpm 이상일 때 유압이 200kPa 이하일 경우도 위험한 상태이다.

Tip 압력단위 1kg/㎠ = 98.07kPa

유압계 장착은 엔진의 오일필터에 별도의 어태치먼트를 장착해 연결하는 것이 일반적인 방법이다

🚗 유온계

오일의 성능을 100% 활용하기 위해서는 오일 온도관리가 중요하다.
일반 엔진은 100km/h 속도로 주행할 경우 약 95℃~105℃ 정도가 일반적인 유온이다.
서킷 같은 장소에서 주행 시 엔진 회전율이 높아지기 때문에 유온이 올라가는 경우가
많아진다.

일반적으로 오일이 안정적인 성능(성질)을 유지하는 최대 온도는 130℃까지 정도이다.
140℃ 정도가 되면 오일의 성능이 급격하게 떨어져 엔진이 파손되므로 이점을 확인
하기 위해 유온계를 장착해 주행 시 온도관리를 하는 것이다.

서킷 등에서 주행 시 온도를 확인해 130℃ 이상이 될 것 같은 경우는 운전 스피드를
줄여(쿨링) 온도를 유지하는 것이고. 장시간의 고속주행에서는 온도상승이 커지므로
그때는 별도의 오일쿨러를 장착해 안정적인 오일온도를 만들기도 한다.

유압센서와 같은 위치에 장착하는 경우가 많고 유압계와 유온계를 동시에 장착하는
것이 오일관리에 적합하다.

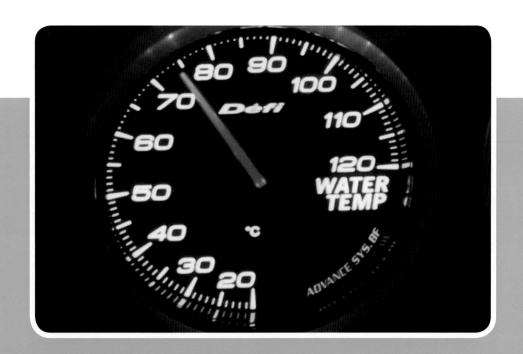

수온계

고속주행이 장시간 연속적으로 진행될 경우 수온도 역시 상승하는데 105℃ 이상 올라갈 경우 라디에이터, 엔진의 효율성이 나빠지는 문제점이 발생하므로 온도계를 장착해 온도 변화를 확인하면서 주행하는 것을 권장하고 있다.

또한, 라디에이터를 대용량으로 바꿨을 경우 일반 라디에이터보다 성능이 높기 때문에 약 65℃에서 85℃ 사이의 온도를 유지하게 되며 온도상승에 있어 ECU가 여러 제어를 하는 경우가 발생하기도 한다.

장소에 따라 온도의 오차가 5℃에서 10℃ 정도 있는 경우도 있으므로 이점은 참고하길 바라며, 센서의 장착 위치는 서모스터 부근에 장착하는 것이 가장 이상적이지만 장착에 많은 어려움이 있어 라디에이터 위에 장착하는 경우가 많다.

일반적으로 라디에이터 윗부분에 어태치먼트를 이용하여 센서를 장착하는 방법이 많이 사용되고 있다.

흡기압계

흡기압계는 2가지로 나누어져 있다. 일반 엔진용 인테크 매니폴드의 흡기압력을 측정하는 기압계와 터보 차량의 터빈에서 압축된 공기압력을 측정하는 터보용 기압계(부스터계)가 있다.

일반엔진용 흡입계를 장착함으로써 에어클리너 위치에 따라 엔진에 흡입되는 공기압력을 확인할 수 있다.

터보용 흡입계(부스터계)는 터보 차량의 필수 조건으로 터빈의 회전으로 인해 압축되어 보내지는 공기량을 알 수 있어 터빈이 정상적으로 움직이는지 확인할 수 있고, 터빈 튜닝 등으로 인해 부스터압을 높였을 경우 엔진에 보내지는 압력을 알 수 있어 엔진의 컨디션을 알 수가 있다.

서지탱크와 연료 압력 조정기(Fuel Pressure Regulator)에 장착한다.

🚗 그 밖의 미터들

회전계: 엔진의 회전을 정확하게 알 수 있는 미터로서, 변속(시프트)에서 미터로 시프트 하고자 하는 엔진회전 수치로 세팅해 엔진이 세팅한 수치로 올라갔을 경우 램프로 알려 주는 기능도 추가된 미터들도 사용되고 있다.

전압계: 차량에 많은 장치를 설치하면서 전력이 부족한 경우가 자주 발생한다. 배터리 의 용량이 부족한 경우에는 알터네이터의 움직임으로 베터리의 전력공급이 원활하게 진행되는지 또는 배터리의 용량이 부족한지를 한눈에 알 수 있다. 일반차량에 장착되어 있는 일반 계측용 전압계보다 섬세하게 표시되어 차량의 상태를 알 수 있다.

일반적으로 배터리는 12V 이상이며 충전 중에는 13V 이상의 전력을 공급하기 때문에 이 사항을 보아도 충전 중인지 알 수가 있고 배터리의 수명에서도 충전과 방전의 수치 가 크게 변동될 경우에는 배터리를 교환하는 시기도 판단이 가능한 미터이다.

[에어컨 필터 편]
알면 돈되는 차량 소모품관리 Know-how

Q1) 운전자 스스로 차량 에어컨을 관리할 수 있는 부분은 무엇인가?

푹푹 찌는 한 여름날에 차량용 에어컨도 없이, 게다가 교통체증으로 도심 한복판에 정체되어 있다고 생각하면 정말 끔찍한 일이다. 세계 최초의 에어컨은 1902년 미국에 캐리어라는 25세의 청년 박사에 의해 발명되었고, 차량용으로는 1939년 미국의 팩커드(PACKARD)社가 세계 최초로 적용했다. 하지만 차량용 에어컨이 대중화된 것은 그보다 한참이나 지나서였다. 특히 차량용 에어컨 필터가 개발된 것은 역사가 더 짧다. 현재 국내에서 운행 중인 승용차 중에 일부 연식이 오래된 차량에는 에어컨 필터가 없는 경우도 있다. 차량 에어컨 관련하여 운전자가 스스로 점검할 수 있는 부분은 바로 에어컨 필터이다.

Q2) 에어컨 필터 점검은 어떻게 해야 하나?

에어컨 필터 점검은 전문 정비소를 방문해서 정비사가 에어컨 필터를 확인하는 방법과 운전자가 스스로 본인 차량의 에어컨 필터를 직접 확인하는 방법이 있다. 물론 운전자가 스스로 확인하기 위해서는 차량관리 책자나 동영상 등을 활용하여 점검 및 교환방법을 익힐 수도 있다. 에어컨 필터는 보통 6개월 또는 주행거리 1만km가 교체주기이며 운전환경에 따라 필터의 오염도가 달라질 수 있으므로 꼭 눈으로 확인하고 교환하는 것이 좋다.
만약, 운전자 스스로 에어컨 필터를 교환한다면 꼭 주의할 사항은 필터의 방향성이 있다는 것이다. 공기가 흐르는 방향이 정해져 있다는 뜻으로 필터에 표시된 화살표를 확인해서 필터를 끼워주어야 하며 보통 위에서 아래 방향으로 향하는 것이 일반적이다.

Q3) 에어컨을 많이 사용하는 한여름에는 차에서 곰팡이 냄새가 자주 발생하는데 그 이유와 조치 방법은?

차량용 에어컨을 구동시키는 데는 몇 가지 부품들이 있다. 공조장치들 사이로 냉매가 순환하면서 주위 온도를 낮춰주므로 시원한 바람을 만들게 된다. 이러한 공조장치 중에 정비현장에서는 '에바', 원래는 '이베퍼레이터(Evaporator)'라고 하는 증발기에서 냉매가 액체에서 기체로 변할 때 주위의 공기 열을 빼앗아 공기가 차가워지고 블로워(Blower)라고 하는 선풍기 같은 것이 바람을 불어 시원한 공기가 차량 실내로 들어오게 된다. 이 때 증발기에 물방울 등이 맺혀 곰팡이가 서식할 수 있는 환경이 조성되어 곰팡이 냄새가 나게 된다.
곰팡이 냄새를 제거하기 위해 정비소에 방문하여 '에바클리닝(Evaporator Cleaning)'을 받거나 DIY용으로 판매되는 에어컨-히터 살균 탈취제 등을 사용하면 어느 정도 효과가 있다.
하지만 여름에는 덥고 습한 날씨가 반복되어 곰팡이가 계속해서 발생하기 쉬우므로 여름철에는 목적지 도착 2~3분 전에 에어컨을 끄고, 풍량 조절 다이얼을 높여서 아까 말한 블로워(Blower)라는 선풍기 같은 것으로 증발기를 말리는 습관을 들인다면 습기와 냄새를 예방할 수 있을 뿐만 아니라 연료도 절약할 수 있다.

Q4) 에어컨의 바람이 시원하지 않다고 느껴질 경우 대처 방법은?

에어컨을 아무리 강하게 틀어도 바람이 적게 나오거나 아예 나오지 않는다면 공조장치의 블로워 모터(Blower Motor) 작동 여부를 확인해 봐야 한다. 모터가 작동하지 않을 경우 퓨즈의 단선이나 배선에 문제가 있을 수 있다.
에어컨 필터나 통풍구에 이물질이 쌓여도 바람이 적게 나올 수 있으니 이 부분도 점검해야 한다. 이와 반대로 바람은 정상이지만 냉방이 안 된다면 에어컨 냉매가 부족하거나 에어컨 구동 벨트의 장력이 약화되었을 가능성이 있으므로 인근 정비소를 방문하여 점검받도록 한다.

레이싱카의 연료 주입량

레이스카의 연료는 얼마나 들어가나?

일반적으로 차종, 레이싱 카테고리에 따라 달라진다.

일반 차를 기본으로 만들 경우는 대부분 일반 연료탱크를 사용하기 때문에 일반 차의 용량과 같다. 대체로 경기의 랩(LAP)에 맞게 최소량을 주입한다(일반차 용량 50~70 ℓ, 차종에 따라 다름). 그 외로 장기적인 레이스와 포뮬러 레이스의 경우는 연비도 일반 차에 비해 나쁘기 때문에 많은 연료를 사용하므로 연료탱크도 커진다(레이스 규정으로 정해져 있음). 예를 들어 GP2, 일본에서 활약하는 슈퍼 포뮬러(Super Formula) 같은 차량은 설계상 최대 약 100리터(약 75kg) 정도의 연료가 들어간다.

이것을 각 나라의 레이스 규정에 맞게 팀에서 조정하게 된다.

일본의 슈퍼지티(SUPER GT) 레이스 차량도 같다.

일반적으로 연료를 넣을 때 리터라고 표현을 하는데 레이스 차량에서는 리터라는 표현보다 킬로그램(kg)으로 의견을 전달하는 경우가 많다.

이유는 휘발유는 온도에 따라 팽창력이 크기 때문에 계절에 따라 차량에 들어간 연료의 오차가 많이 발생하므로 무게를 측정해서 무게로 연료주입관리 등을 한다. 즉, 계절에 상관없이 같은 조건으로 관리하기 위한 방법인 것이다(부피는 온도에 따라 변동하나 질량(무게)은 같기 때문).

* 1ℓ =0.74kg 또는 0.75kg(연료에 따라 질량이 조금 다른 이유로 2가지로 나누어지나 일반적으로는 0.75kg으로 계산하는 경우가 많다)

IV

브레이크 튜닝

사람의 발로 직접 걸어가던 것을 수레, 마차 등의 이동수단을 발명하고 이용하듯이
차량도 분명히 이동의 수단으로 발명되었고 이동과 더불어 필요에 따라 멈추는 것
또한 중요한 차량의 기능이 되었다. 특히 차량의 속도가 빨라짐에 따라 운전자의 안전을 지키기
위해 브레이크는 지속적으로 발전되어 왔다.

주기적으로 차량의 소모품을 유지 관리하기 위한 운전자의 브레이크 관련 자가정비 부품으로는
브레이크 오일, 브레이크 패드가 있으며, 여기서는 그 외에 브레이크 라인 및 브레이크 캘리퍼에 대한
튜닝도 같이 알아보도록 하자.

튜닝승인 필요없음　튜닝승인 필요　튜닝제한

14 브레이크 디스크, 패드(Brake Disk, Brake Pad) 교체하기

정상적인 운행 중에는 브레이크 성능에 별다른 차이를 느끼기는 쉽지 않다. 하지만 갑자기 장애물을 발견하고 급하게 차량을 제동해야 하는 경우에는 브레이크의 성능에 따라 위험을 회피할 수도 있고 대형사고로 이어질 수도 있다.

이처럼 차량의 제동성능을 높이기 위해 많은 자동차 제조사들이 연구하고 있으며 또한, 튜닝회사들도 생산되는 범용차량의 브레이크 성능보다도 더 향상된 튜닝제품들을 선보이고 있다.

제동(브레이킹, Braking) 관련 부품 중에 브레이크 디스크와 패드를 튜닝부품으로 교체함으로써 차량의 제동성능을 향상시킬 수 있다.
자동차 브레이크는 형태에 따라 디스크식 브레이크와 드럼식 브레이크의 두 가지 형태가 있으나 최근에는 디스크식 브레이크가 많이 사용되므로 여기서는 디스크식 브레이크를 중심으로 알아보자.

디스크 브레이크는 제동을 위한 마찰이 발생하는 부분인 동그란 쇠판이 예전에 음악을 듣던 CD판처럼 생겼다고 해서 디스크 브레이크라고 불린다. 물론 이 디스크는 캘리퍼라는 부품 내부에 있는 디스크 패드와 마찰을 일으켜 차량을 서게 하는 것이다.

승용차에는 브레이크 디스크 형태의 장치가 많이 장착되어 있으며 브레이크 디스크 장치는 유압을 이용하여 제동하므로 드럼식보다 반응속도가 빠르며 급제동에 상대적으로 우수한 성능을 발휘한다.

일반적으로 자동차의 제동력이 뒷바퀴보다는 앞바퀴가 좋다고 하는 이유는 제동 시 차량 무게가 앞쪽으로 이동하기 때문에 뒤에 있는 디스크, 패드보다 앞쪽에 있는 것이 크기가 커지는 이유이다. 또한, 일반적으로 앞바퀴에는 디스크 브레이크가 주로 사용되며 뒷바퀴에는 드럼식 브레이크가 장착된 차량도 다수 생산되는데 이것은 디스크 브레이크가 드럼보다 제동능력은 뛰어나 생산가격 면을 보았을 경우에는 드럼식이 저렴하기 때문이기도 하다. 이는 디스크 형태의 브레이크가 제동력이 상대적으로 좋고 장기간의 제동에서 드럼보다는 열에 강하기 때문이다.

이러한 이유로 최근의 승용차에는 앞, 뒷바퀴에 모두 디스크 형태의 브레이크를 채택하는 차들이 늘어나고 있다.

디스크 브레이크는 캘리퍼와 디스크, 패드로써 제동하는데 1개의 캘리퍼에 피스톤이 1개 또는 2개인 것으로 안쪽에 1개 또는 2개의 피스톤이 장착되어 제동 시 반대편의 부분을 슬라이드시켜 좌우의 패드를 눌러서 정지하는 것이 일반적인 캘리퍼이다. 또 고성능의 스포츠카는 전후가 디스크 브레이크로 되어 있다. 그 이유는 고속주행에 맞게 급제동이 가능한 성능이 필요하므로 앞바퀴, 뒷바퀴 모두 디스크 브레이크를 사용하는 것이다.
물론 캘리퍼 크기는 앞바퀴와 뒷바퀴 간의 차이는 있으며 앞바퀴의 캘리퍼가 상대적으로 크다. (제동 시 무게이동을 고려한 이유)

◀ 일체형 디스크

대용량 캘리퍼로 교체할 경우 디스크, 패드 치수가 캘리퍼의 크기를 기준으로 결정되기 때문에 캘리퍼 교체 시에는 디스크, 패드도 교체해야 한다. 브레이크 패드 재질에 따라 제동의 제어성, 초기 제동성 등이 다르므로 차에 맞는 브레이크 패드를 선택하는 것이 포인트이다.

차량 출고 시 장착된 캘리퍼를 사용할 경우에도 브레이크 패드를 재질이 다른 튜닝부품으로 바꿔 줌으로써 운전자의 제동 느낌 및 성능이 달라질 수 있다.

브레이크 디스크인 경우에는 일체형 타입과 플러팅 타입의 두 가지 형태가 있다. 일체형 타입이란 출고 시 장착된 브레이크 디스크와 같은 형태를 보이고 있다

플러팅 타입이란 디스크와 벨(Bell)로 구분되어 있어 이 2개를 볼트로 고정하는데, 여기서 제조사마다 기준치를 가진 흔들린 정도를 일부러 만든다.

4 피스톤, 6 피스톤의 캘리퍼인 경우 디스크와 벨 사이에 약간의 간격(제조업체별 다름)을 만들어서 패드의 편마모를 방지하는 역할을 한다.

◀ 플러팅형 디스크

▲ 플러팅형 디스크의 보빈

▶ 플러팅형 디스크의 벨

디스크, 패드를 제작하는 브랜드로는 Brembo, Endless , PFC 등이 있다.

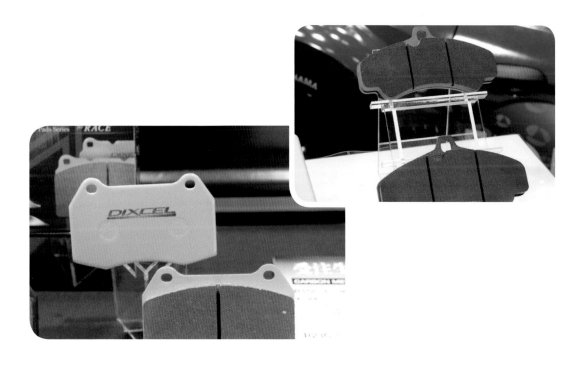

15 브레이크 오일(Brake Oil) 교체하기

자동차에는 여러 가지 오일이 사용된다. 엔진의 과열을 막고 윤활을 위한 엔진오일이 있는가 하면 자동변속의 정확한 작동을 위해 시간 제어를 위해 미션오일도 있고, 브레이크의 제동을 위해 힘을 전달해주는 브레이크 오일도 있다. 각 오일들의 역할이 조금씩은 다르지만, 각각의 오일들은 모두 자동차의 정상적인 운행을 위해 필요한 것이다.

여기서 브레이크 오일을 보자면, 일반적인 운전자들에게는 약간 생소할 수도 있다. 하지만 운전자의 안전을 위한다는 측면에서 브레이크 오일의 중요성은 꼭 짚고 넘어가야 한다.

브레이크 오일은 에틸렌글리콜과 피마자유를 혼합하여 만들어진 것으로 운전자가 브레이크 페달을 밟으면 브레이크 오일 라인에 압력이 형성되고, 이 유압을 이용하여 브레이크가 작동한다.

브레이크 오일은 수분을 흡수하는 성질이 강해서 시간이 지남에 따라 수분 함유량이 많아진다. 이렇게 되면 브레이크 패드와 디스크에 고온의 마찰열이 발생할 때 오일에 포함된 수분이 끓게 되고, 브레이크 오일 라인에 수증기 기포가 만들어진다. 이럴 경우 운전자가 브레이크 페달을 밟아도 충분한 제동이 이루어지지 않기 때문에 브레이크 오일을 적절한 시기에 교체하거나 성능이 좋은 브레이크 오일로 교체하는 것이다.

차량 출고 시에 제공된 브레이크 오일을 비점이 높은 오일로 교체하자. 각종 차량 제조사에서 나오는 레이스용, 큰 용량의 캘리퍼를 사용할 경우 급제동성이 강한 만큼 그에 비래해 온도가 크게 올라가는 경우가 많다. 그러므로 비점이 낮은 오일보다는 비점이 높은 오일로 교체하는 것을 권장한다.

비점이 낮은 오일을 사용하게 되면 지속적으로 급브레이크를 사용함으로써 오일 안에 기포가 발생하여 제동력이 떨어진다.
단, 비점이 높은 오일의 단점으로는 비점이 낮은 오일에 비해 습기에 약하므로 주기적으로 교체해 주어야 한다.

제동하기 위해서는 브레이크 패드, 디스크, 캘리퍼가 있고, 이것을 움직이기 위한 힘이 필요한데 이 부분을 액체(브레이크 오일)로 제어한다.
어떤 액체이든지 처음의 제어는 가능하나 제동 시에 패드의 마찰력으로 인해 온도가 상승하고 액체에 전달되어 액체가 가지고 있는 비점을 넘어 기포가 생겨 제동이 안 되는 경우가 발생한다. 이것을 방지하기 위한 액체로 브레이크 오일이라는 것이 존재한다.

이러한 브레이크 오일은 기본적으로 알코올과 같은 성분을 가지고 있다. 또한, 이러한 알코올에는 습기를 끌어당기는 특성이 있으므로 브레이크 오일은 장기간 사용하면 수분으로 인한 원래 성능이 저하된다.

브레이크 오일의 용기를 보면 DOT 표기가 되어 있다. 이 표기로 브레이크 오일의 비점온도를 알 수가 있다.

일반적으로 DOT 3, DOT 4, DOT 5, DOT 5.1 등으로 나누어져 있다. 수치가 높을수록 비점도 높아지는데 그것에 따른 장단점이 있기도 하다. 일반적으로 DOT 4가 주로 사용되고 있다.

Tip DOT(디오티)

DOT(Department of Transportation)는 원래 미국 교통부를 지칭하는 것이며 미국교통부에서 정해놓은 기준이라고 하여 정비현장에서는 DOT(디오티)라는 말을 사용한다. 타이어에도 제조 일자를 표시하는 곳에 DOT라는 용어가 표기되어 있다.

Tip 브레이크오일의 혼용 금지

– DOT 3, DOT 4는 글리콜 기반으로 만들어졌으며, DOT 5는 실리콘 기반으로 만들어진다.

– DOT 3 와 DOT 4는 호환 가능하나 DOT 5는 호환하여 사용하면 안 된다.

레이스 차량의 경우는 DOT 5를 사용하는 예가 많다. 경기장에서의 주행 중에 급브레이크 횟수와 제동력을 높이기 위해 많이 쓰이고 있다.

레이스에서 사용하는 오일 같은 경우 습기에 많이 민감한 상태로 교체시기가 급격히 빨라지는 경향이 있어 일반 차에 사용하는 것이 전부 좋다고 할 수는 없다.

일반차량의 브레이크 오일 교체시기는 3만km~4만km를 권장하고 있다.

일반 차에 DOT 5 이상의 상품을 사용할 경우는 수시로 브레이크 오일을 교체해 주는 습관이 필요하다.

DOT 5.1 성분

기존 브레이크 오일(DOT3, DOT4, DOT5.1)은 글리콜(Glycol)이 주성분이며 DOT5은 실리콘이 주성분이므로 DOT5와 구분하기 위해 5.1이라는 표기를 하게 된 것이다.

브레이크 오일 종류	DRY 비점	WET 비점
DOT3	205도 이상	140도 이상
DOT4	230도 이상	155도 이상
DOT5	260도 이상	180도 이상
DOT5.1	DOT5와 비점은 동일하나 성분이 다름	DOT5와 비점은 동일하나 성분이 다름

위 표를 보면 대략 운전스타일에 맞는 것을 선택할 수가 있고 최근에는 4.1, 4.2 등등의 표시로 각 제조업체에서 생산되기 때문에 이점을 확인해 교체하는 것이 바람직하며 DRY 비점과 WET 비점을 비교했을 때도 온도차이가 크므로 수시로 교체해 주는 것이 좋다.

Tip Dry 비점, Wet 비점
DRY 비점 : 일반적으로 브레이크 오일의 신품을 기준으로 표시한 것으로 각 제조업체가 가지고 있는 성분(성능)을 나타낸다.

WET 비점 : 브레이크 오일을 주입 후 시간이 지나면 액체 안에 수분이 발생하는데 3.5%의 수분이 포함되었을 때의 비점을 나타낸다.

브레이크 오일을 제작하는 브랜드로는 SEIKEN, WAKO'S, ENDLESS 등이 있다.

튜닝승인 필요없음 튜닝승인 필요 튜닝제한

16 브레이크 라인(Brake Line) 교체하기

일반적인 브레이크 라인(차체부터 캘리퍼까지)의 재질은 고무 재질로 되어 있다. 유압으로 브레이크를 제어하기 때문에 제동 시에 압력이 가해졌을 경우 팽창하므로 팽창을 방지함으로써 브레이크 제동효율을 높이기 위해 이 부분을 금속 브레이크 라인으로 바꾸는 것이다.

금속 브레이크 라인의 내부는 일반적으로 테플론으로 되어 있으며 외형은 테플론을 보호하기 위해 금속으로 만들어져 있다.

Tip 테플론(Teflon)
주방에서 사용되는 프라이팬의 코팅에 사용되는 재질이며 윤활성과 밀폐성이 높다.

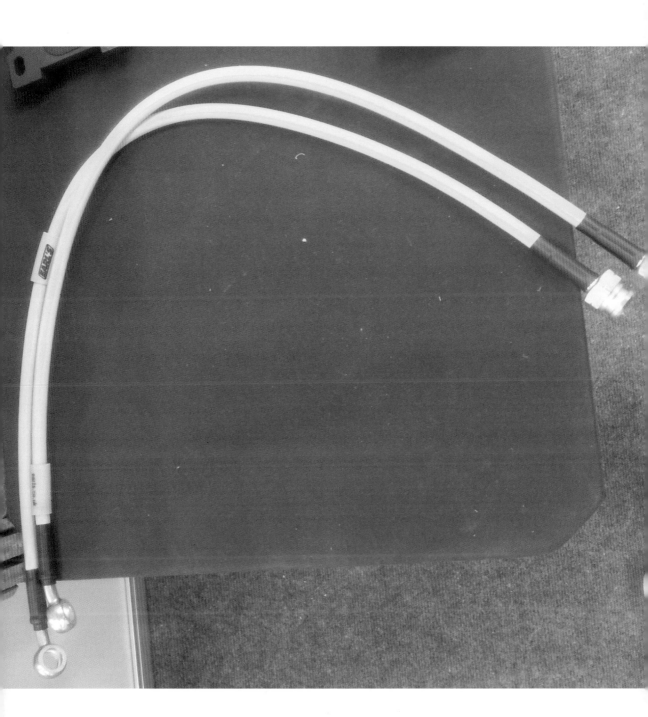

17 캘리퍼(Caliper) 교체하기

캘리퍼는 브레이크 장치 중 하나로서 브레이크 라인을 통해 생성된 브레이크 오일 유압으로 실린더를 통하여 패드를 눌러줌으로써 디스크와 패드의 마찰로 차량이 서게 만들어 주는 장치이다.

순정 캘리퍼의 용량보다 큰 용량으로 교체하자.
허브에 고정된 원래 캘리퍼를 빼고 튜닝제품으로 교체하는 것이다. 단 기존 제품에 비해 전체적인 크기가 커지므로 허브와 캘리퍼를 고정하기 위한 부품이 필요하며 고급 스포츠카의 경우는 차량 출고 시에 용량이 큰 제품이 장착되어 있으므로 별도의 캘리퍼로 개조하기 위해서는 사전에 성능 및 치수를 확인할 필요가 있다.

캘리퍼는 일반적으로 2가지 제작과정을 거친다. 알루미늄 블록을 하나로 가공해 만드는 캘리퍼(모노 블록)와 캘리퍼 1개를 반반 가공해 결합하는 과정이 있다. 일반적으로 반반 가공해 결합한 캘리퍼를 사용하고 있다. 단, 주목적이 경주일 경우는 모노 블록을 추천한다.
그 이유로는 과격한 제동의 반복으로 인해 열의 팽창력과 온도상승이 급격해 결합 캘리퍼인 경우 연결 부분이 파손될 수 있다. 우수성, 안전성을 중심으로 생각하면 모노 블록이 결합형보다는 뛰어나기 때문에 추천한다. 물론 가격면에서는 결합형보다 상대적으로 비싸다.

*주의사항
최근의 차량들은 브레이크 안전장치로 ABS가 대부분 장착되어 있는데 캘리퍼의 용량이 과하게 커지면 ECU안에서 ABS작동수치가 낮아질 수도 있어 긴급시 ABS가 작동하지 않는 경우도 발생하며, 경우에 따라서는 차량에 이상신호를 표시하는 램프가 켜지기도 한다.

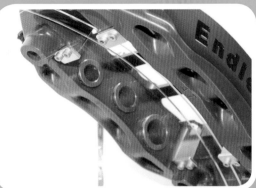

캘리퍼를 제작하는 글로벌 브랜드로는 Brembo, Endless, PFC 등이 있다.

[와이퍼, 와셔액 편]
알면 돈되는 차량 소모품관리 Know-how

Q1) 장마철에 비가 많이 내리는 날이나, 겨울철에 폭설이 내리는 거리를 주행하기 위해서는 와이퍼의 기능이 절실하게 필요하다. 와이퍼가 발명되기 전에는 어떻게 운전했을까?

초창기의 차는 와이퍼 없이 운전하였고 비나 눈이 내리는 날에는 거의 차량을 운행하지 못했다.
와이퍼는 1903년 미국 한 가정주부에 의해서 발명되었다. 그녀가 진눈깨비 내리는 뉴욕을 방문했다가 달리지 못하고 그냥 거리에 서 있는 많은 차를 보고 와이퍼를 발명하게 되었다고 한다. 물론 그당시에는 와이퍼를 운전자나 동승자가 직접 손으로 작동했고, 점차 발전되어 현재는 전기모터를 활용하여 손쉽게 작동할 수 있게 된 것이다. 특히 1950년에는 추가적으로 와셔액이 발명되어 눈이나 비가 오지 않는 건조한 날에도 와이퍼는 잘 작동될 수 있게 되었다.

Q2) 운전자가 와셔액을 보충하려면 어떤 절차를 따라야 하는가?

와셔액을 주입하는 와셔액 통은 엔진룸 안에 있으며 우선 보닛을 열고 와셔액 통의 주입구를 찾아야 한다. 엔진룸 안에는 여러 가지 액체 통들이 많이 있는데, 어느 곳에 주입해야 할지 혼동할 수 있지만, 잘 보면 보통 와셔액 통의 주입구 뚜껑에는 앞유리창 모양과 분수처럼 물줄기가 솟아오르는 그림이 있다. 와셔액 통 뚜껑을 잘 확인하고 뚜껑을 열고 와셔액을 채워주면 된다. 절대로 엔진 오일 뚜껑이나 오일 뚜껑을 열어서 넣는 일은 없어야 할 것이다.
차량에 따라서 뒷유리 와이퍼용 와셔액 통은 앞유리용과 같이 사용하는 경우도 있고 별도로 트렁크 쪽에 와셔액 통이 있는 경우도 있으므로 만약에 내 차의 뒤쪽에도 와이퍼가 있다면 와셔액 통의 위치를 확인해 두어야 한다.

Q3) 와셔액을 분사했을 때 앞유리창에 뿌려지지 않고 하단부나 상단부 등으로 뿌려져서 황당한 경우가 있는데 이런 경우에는 어떻게 해야 하나?

와셔액 분사 각도가 잘 맞지 않으면 운전자의 시야를 방해하거나 자동차 지붕 위로 넘어가 전면 유리를 깨끗하게 닦을 수 없게 되어 당황하게 되는 경우가 있다. 이런 경우 와셔액의 분사 각도 조절 방법은 생각보다 간단하다.
우선 핀처럼 뾰족하고 단단한 옷핀 같은 것을 준비하고 보닛 위에 붙어있는 와셔액 분사 노즐 구멍을 확인한다.
와셔액을 분사하여 현재 각도를 확인하고 각도가 맞지 않는 와셔액 분사 노즐 구멍에 핀을 삽입하여 위치를 조절하고 다시 와셔액을 분사하여 바르게 조절이 되었는지를 확인하면 된다.

Q4) 와이퍼 블레이드 교체 주기는 어느 정도인가?

일반적으로 1년에 1회 정도 권장하고 있다. 겨울철에는 눈, 서리 등으로 결빙된 이물질을 와이퍼로 제거하다 보면 와이퍼가 쉽게 손상된다. 손상된 와이퍼 블레이드는 전면 유리를 2차 손상시킬 수도 있고, 교체 시기가 지난 와이퍼를 계속 사용하면 비 내리는 날 운행할 때 빗물을 제거하지 못해 위험한 상황을 유발할 수 있다.
와이퍼의 작동상태에 따라 교체시기를 판단하는 방법은 우선 '와이퍼 블레이드가 지나간 자리에 얼룩이 남는 경우'가 발생하면 교체시기가 되었다고 보면 되고, 또 다른 상태로서 '와이퍼 작동 시 소음과 진동이 발생하거나 유리에 맺힌 물기가 제대로 닦이지 않는다' 면 와이퍼 교체시기가 되었다고 판단하면 된다.

레이싱카의 휠 조정

레이싱카를 보면 휠을 조이는 부분이 일반차와 다른데 그 이유는 무엇일까?

일반 차량의 휠을 보면 휠에 너트가 4개 또는 5개 들어가는 휠을 볼 수 있다. 레이스 차량은 센터 록(Center Lock)이라고 하는데, 가운데 휠 중심의 한 곳만 고정한다. 한 곳만 고정하기 때문에 레이스 중 타이어 교체작업이 수월해지고 빨라진다.

물론 일반 차량보다 볼트 부분이 하나인 관계로 두껍게 되어 있고 일반 휠을 고정하는 규격 조임치(토크)가 일반 차의 휠보다 약 4배 이상으로 조여지게 된다.

휠을 어떻게 4배 이상으로 조일 수 있을까?

일반적으로 타이어에 휠 너트를 조이는 데 사용하는 공구(입사건)는 압축기로 만들어지는 공기압을 이용한다(정비소 등등). 압축기에서 만들어지는 공기압은 약 10kgf 정도이며, 이 공기압으로는 피트 작업 중에 신속하게 4배 이상의 힘을 전달할 수가 없다.

그렇기 때문에 고압에 가능한 임팩트를 사용한다. 이 임팩트는 20kgf 이상의 공기압으로 사용하는 장비이다. 그러므로 삐트 작업 중에 신속하게 타이어 교체가 가능하다. 단 일반적인 압축기는 고압을 만들 수 없기 때문에 레이스에서는 질소를 이용해 임팩트를 사용한다. (일반 정비소에서 사용하는 공구압력은 약 6~8kgf를 사용)

V

서스펜션 튜닝

자동차가 주행하는 길은 고속도로 또는 경기장처럼 포장이 잘 되어 있는 곳도 있지만, 장소에 따라서 울퉁불퉁한 도로도 있고 과속방지턱이 갑자기 나오는 시내 도로일 수도 있으며 외곽의 비포장도로일 수도 있다. 차가 주행할 때 고르지 못한 길에 따른 흔들림을 없애줌으로써 승차감을 좋게 해주는 부품이 스프링과 쇽업소버(Shock absorber)이며 이 부품을 흔히 서스펜션(Suspension)이라고 하고 현장에서는 그냥 '써스'라고도 부른다.

스프링은 어린시절 볼펜을 분해하여 손쉽게 가지고 놀던 기억이 있을 것이다. 스프링을 갖고 놀다 보면 손으로 눌렀다가 떼게 되면 한참 동안 출렁이다가 멈추는 것을 기억할 것이다. 자동차에서도 이와 비슷하게 차량의 스프링이 굴곡 있는 도로를 이동하다 보면 발생하는 출렁거림에 운전자와 탑승자는 심한 멀미를 하게 될 것이다. 이러면 출렁거림을 보완하기 위해 만들어진 장치가 쇽업소버이다.

서스펜션 튜닝의 가장 큰 목적으로는 타이어의 접지력을 높이고 타이어가 가지고 있는 성능을 최대한으로 끌어내기 위한 것이다.

쉽게 얘기하자면, 차량이 선회할 때 코너링의 안정적인 움직임과 트랙션(Traction) 을 더욱 많이 만들기 위해서 서스펜션 튜닝을 하는 것이다

Tip 트랙션(Traction) 구동력을 말한다. 자동차를 앞으로 진행시키는 힘의 근본이다.

18 댐퍼(Damper)/쇼버(Shock absorber) 교체하기

운전자들 사이에 '쇼버(Sorber)'라고 불리는 것은 원래 쇽업소버(Shock Absorber)를 줄여서 사용하는 것이며 댐퍼(Damper)라고도 한다. 자동차 튜닝분야에서는 댐퍼라는 표현을 많이 사용한다.

◀ 스프링 및 댐퍼

대부분 자동차에는 스프링과 댐퍼로 구성돼 있으며 스프링을 이용해 승차감을 만들어 주는 역할을 하며 스프링의 특성상, 한번 팅긴 스프링은 연속적으로 팅기면서 계속 출렁 거리다가 서서히 줄어드는 힘을 가지고 있다. 이 때 연속적인 팅김을 제어하는 것이 댐 퍼의 주된 역할이다.

댐퍼의 구조를 보면 댐퍼 안에는 오일이 들어가 있으며 작은 구멍을 통하여 오일의 움 직임에 의하여 스프링을 제어하는 것이다.

댐퍼의 움직임은 샤프트를 천천히 누르면 샤프트가 천천히(부드럽게) 움직이는 것을 확 인할 수 있으며 급하게(강하게) 누르면 샤프트가 뻑뻑하게 움직이는 것을 확인할 수가 있다.

이것은 샤프트를 가볍게 누를 경우에 오일통로(오리피스)를 지나가는 오일의 저항이 적 기 때문에 수월하게 오일이 이동하므로 부드럽게 샤프트가 움직이는 것이고, 반면에 급 한게(강하게) 눌렀을 경우는 오일량이 갑작스럽게 지나가려고 하기 때문에 많은 저항이 생겨 오일의 흐름이 늦어지므로 샤프트가 뻑뻑하게 움직이는 것이다. 기본적인 움직임 을 이해한 후 튜닝용 댐퍼를 장착하도록 하자.

스프링 및 댐퍼를 선택할 때 고려해야 할 사항은 아래와 같다.

첫째, 먼저 스프링을 선택하는데 차량의 무게에 맞는 스프링을 선택하는 것이 중요하며, 스프링의 단위는 POUND(lb) 또는 킬로(k)로 표시한다.

일반 차는 킬로로 표시하는 것들이 대부분이다. 여기서 숫자가 크면 클수록 딱딱한 스프링이라고 보면 된다.

기본적으로 차종에 맞는 규격표 등을 참조하고 운전스타일에 따라 조금 변경되는 항목이 있으므로 신중한 판단이 요구된다.

Tip 오리피스(orifice) 유체를 분출시키는 구멍을 말한다.

Tip 유럽의 스프링의 단위는 파운드로 표시하는 것이 일반적이다 (단위 lb로 표시)

킬로의 단위는 kgf/mm를 사용한다.

파운드를 킬로로 바꾸는 계산식 [1파운드=0.454kg, 스트로크량 (1inch=25.4mm)]

예) 스프링의 파운드 (500lb)×0 1파운드(0.454kg)/스트로크량(25.4mm)=8.9kgf/mm

▲ ▶ 두꺼운 스프링과 얇은 스프링

둘째, 튜닝용 댐퍼는 일반적으로 2가지 종류가 있다.

외관상으로는 차량출고 시의 댐퍼와 모양은 같으며 승차감을 향상시킨 댐퍼와 차고 조정이 가능한 차고(차량의 높이) 조절식 댐퍼가 있다.

물론 '차고 조절식 댐퍼'도 승차감과 트랙션을 우선으로 하는 것은 기본적으로 가지고 있고, 차량의 높이를 줄여서 고속 코너링의 안정감을 만들려는 추가적인 기능을 가지고 있다.

또 다른 역할은 서스펜션이 상하로 움직일(범프, 리범프) 경우 오일통로(오리피스)를 조정해서 범프 스피드, 리범프 스피드를 조절할 수 있도록 되어 있다. 반면, 일반차량용 댐퍼는 범프, 리범프 스피드를 하나의 레버로 조절할 수 있다.

Tip 범프(Bump)

간단히 말하자면 지면에 접지되어 있는 타이어가 위로 올라가는 것을 범프라고 한다.
리범프는 역으로 올라간 타이어가 내려가는 것을 말한다.

레이스용 차량의 댐퍼는 범프, 리범프 스피드를 각각 조절할 수 있게 되어 있고 포뮬러 같은 경우는 범프 하이스피드(Bump Hi speed), 범프 로우스피드(Bump Low speed), 리범프 하이스피드(Re-bump Hi speed), 리범프 로우스피드(Re-bump Low speed)를 조절할 수 있는 4개의 채널을 가지고 있기 때문에 경기장의 종류, 노면 컨디션 등에 맞추어서 조절할 수 있게 되어 있는 것이 최근의 추세이다.

이러한 여러 상황에 대처 가능한 댐퍼가 개발됨에 따라 차량 레이싱에서 댐퍼의 역할이 더욱 중요하게 여겨지고 있다.

▲ 차고 조절식 댐퍼

알고 넘어가자!!

차고 조절식의 조정방법은 업퍼 마운트와 스프링을 잡아주고 있는 부품이 있으며 이 부품은 나사처럼 되어 있어 감으면 점점 스프링이 줄어들기 때문에 이것으로 차고의 높이를 조정하는 것이다.

여기서 스프링 길이를 줄이면 점점 뻑뻑해지는 현상이 일어나는데 그렇다고 스프링의 기본적인 특성치가 변하는 것은 아니다.

예를 들어 15k의 스프링을 3㎝ 줄였을 경우 그만큼 뻑뻑한 느낌이 있지만 15k가 17k 등으로 변화하는 것은 아니다.

단순하게 15k의 스프링이 1~100까지 줄어드는 성질을 가지고 있을 때 3㎝ 줄였을 경우 30~100까지의 범위 안에서 움직이기 때문에 느끼기에는 뻑뻑하지만, 기본적으로 스피링 자체의 특성치가 변화하는 것이 아니므로 이 점을 이해하는 것이 중요하다.

▲ OHLINS(오린즈)사 제품

댐퍼를 제작하는 글로벌 브랜드로는 오린즈(OHLINS), 가야바(KYB), 빌스타인(Bilstein) 등이 있으며 국내 브랜드로는 J5, 네오테크(Neotech) 등이 많이 사용되고 있다.

19 댐퍼 어퍼 마운트(Damper Upper Mount) 교체하기

일반 자동차의 댐퍼 마운트는 고정되어 있어 댐버를 변화시키는 데는 어려움이 많다. 하지만 최근에는 스페리컬이 들어가 있는 마운트로 교체할 경우 운전 스타일에 맞게 캠버 변경이 가능하게 되었으며 이러한 상품에는 대략의 메모리가 기입되어 있기 때문에 간단한 조작으로 댐버를 변경할 수 있는 아이템이 된 것이다.

Tip 스페리컬 조인트(Spherical joint, 구면조인트)
공 모양의 조인트로, 로드 앤드, 또는 '로즈 조인트'라고도 불린다. 레이싱 카의 현가장치의 피벗으로 많이 사용되고 있는 조인트다.

또한, 타이어로부터 입력되는 힘이 다른 방향으로 흘러나가는 것을 방지하고자 스페리컬을 사용해 100%에 가깝게 입력할 수 있도록 만들어지고 있다

일반적으로 타이어를 중심으로 보디 안쪽으로 들어가 있는 것을 포지티브(Positive) 댐버(Camber), 보디의 밖으로 나와 있는 것을 네거티브(Negative) 댐버라고 한다. 다시 말하면 타이어를 정면에서 볼 경우에 윗부분이 바깥쪽으로 빠져있으면 '+댐버(포지티브 댐버)'라고 보면 된다. 트럭의 경우는 네거티브 댐버를 가지고 있다. 이유는 차량에 적재하는 무게가 많은 관계로 적재했을때 캠각이 0도에 가깝게 하고 핸들링을 가볍게 하기 위한 방법이다. 역으로 승용차인 경우 트럭에 비해 많은 짐을 적재하지 않기 때문에 댐버각을 처음부터 0도에 맞추는 게 일반적이다. 예로써 일반 승용차가 왼쪽으로 고속의 코너링을 할 경우 원심력으로 인해 오른쪽으로 차량 롤을 하는데 이때 댐버각이 네거티브로 움직여 타이어의 접지 면적이 적어지므로 타이어 그립이 떨어져 자신이 원하는 상태로 진행되지 않는 경우가 있으며 이때 언더스티어링 현상이 일어난다.

Tip 언더스티어링(Under Steering)
차량이 고속으로 코너링 회전하는 방향의 바깥쪽으로 밀려나가는 현상을 말한다.
Tip 오버스티어(Oversteer)
차량이 고속으로 회전시 차량의 뒤 부분이 회전방향(안쪽)으로 들어가는 현상을 말한다.

그래서 처음부터 어느 정도의 댐버각을 만드는 것이 코너링을 할 때 타이어의 접지력을
높이기 위한 수단이기도 하고 전체적인 롤을 제어하기 위한 수단이기도 하다.
물론 댐버각이 심할 경우는 타이어의 편마모가 일어나 타이어의 수명이 짧아지는
경향이 많기 때문에 이점을 주의해야 하고 타이어의 선택에서 중요하다.

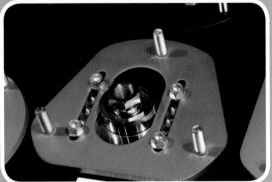

▲ 댐버 어퍼 마운트 장착

댐버 어퍼 마운트를 제작하는 글로벌 브랜드로는 오린즈(OHLINS), 가야바(KYB), 빌스타인
(Bilstein) 등이 있으며 국내 브랜드로는 J5, 네오테크(Neotech) 등이 많이 사용되고 있다.

튜닝승인 필요없음 튜닝승인 필요 튜닝제한

20 강화 스태빌라이저 (Stabilizer, ARB) 교체하기

스태빌라이저는 앤티롤바(ARB: Anti Roll Bar)라고도 한다.

스태빌라이저는 차량의 전륜, 후륜의 좌우 서스펜션을 연결하는 파이프를 말하며 차량의 롤링(Rolling)을 제어하는 역할을 하고 있다.

보통의 차량으로 고속으로 코너링할 경우 롤링이 커져서 운전자는 차량의 컨트롤이 불가능한 경우가 자주 발생한다. 이러한 현상을 방지하기 위해 강화 스태빌라이저를 장착해 롤링이 발생하지 않도록 하여 안정적인 코너링을 만드는 것이다.

단 차량이 FR, FF에 따라서 움직임이 전혀 다르기 때문에 이점을 주의해야 하고 전후 강화한다고 해서 코너링이 안정된다는 것은 쉽게 단정하기 어려운 문제이기도 하다.

일반적으로 FR 차량을 예를 들었을 경우 뒤에 있는 스태빌라이저보다 프런트 스태빌라이저를 좀 더 강화하는 것이다.

Tip FF, FR

FF(Front Engine, Front Dirve): 전륜구동

FR(Front Engine, Rear Drive): 후륜구동

스태빌라이저와 서스펜션을 고정하는 부분은 고무로 되어 있는데 스태빌라이저가 강할 경우 힘어 고무에 전달되어 빠져나가는 경우가 많기 때문에 강화 고무재질로 교환하는 것이 바람직하다. 최근에는 고무가 아닌 금속재질로 만들어 가해지는 힘을 서스펜션에 전달해 롤링을 줄이는 것들도 사용되고 있다.

스태빌라이저를 제작하는 글로벌 브랜드로는 CUSCO, ARC 등이 있다.

21 타이어 교체하기 (휠 사이즈 업)

사람의 몸무게를 지탱하고 있는 것은 신발이고 어떤 신발을 신고 걷거나 뛰었느냐에 따라 피로도나 안정감 등이 다르다. 자동차도 마찬가지로 어떤 타이어를 사용하느냐에 따라서 운전자는 운전 시의 안정감이나 승차감이 달라지며 특히, 차량 선회 시에 코너링의 느낌이 확연하게 달라지는 것이다.

타이어 폭이 같고 편평비가 높은 타이어가 승차감이 좋은 것으로 알려져 있다.
타이어 안에 있는 공기실의 크기와 편평비의 강도가 약하기 때문에 노면의 충격을 흡수하여 승차감 자체가 부드러운 느낌이 있다. 단, 코너링에서는 편평비가 높기 때문에 타이어 자체가 밀려가는 느낌이 있으며 롤의 변화가 커서 고속주행에서 옆으로 미끄러지는 경향이 생기게 된다.
그러므로 편평비가 낮은 타이어를 선택하면 코너링의 안정감이 생긴다. 그 이유는 같은 고무재질의 벽(편평비)의 높이가 낮은 것과 높은 것의 차이란 옆으로 힘이 가해졌을 경우 원래의 형태로 돌아오려는 힘이 높은 것보다 낮은 것이 강하기 때문에 벽의 힘이 강하게 느껴지는 것이다. 각 타이어 제조업체에 따라서 타이어의 고무재질(컴파운드)과 구조에 여러 사양이 존재하므로 운전 스타일에 맞는 타이어를 선택하는 것이 중요하다.

또한, 레이싱용 타이어 같은 경우 타이어(슬릭타이어)에 홈이 없기 때문에 타이어 그립력이 높아지고 노면 컨디션, 기온 등에 따라 민감하게 조정하기도 한다.

편평비가 낮은 타이어를 선택할 경우 타이어의 외주는 동일하고 휠의 크기를 높이는 것이 일반적인 휠사이즈업이다. 또한, 휠을 일반 휠에서 알루미늄 휠 등으로 바꿀 경우 휠의 경량화와 브레이크의 열이 밖으로 수월하게 나갈 수 있도록 하기 위해 튜닝을 하는 경우가 많다.

추가로 FF, FR의 차종에 따라 타이어 폭의 선택도 가능하다. 일반적으로 전후의 타이어를 같은 폭으로 해 타이어의 마모 등을 확인해 로테이션하는 경우가 일반적이지만, 파워가 있는 차량에서는 전후의 타이어 폭이 다른 경우가 있다. 예를 들어 FR 차량의 경우 구동이 후륜인 관계로 전륜의 타이어 폭보다 후륜 타이어의 폭을 크게하여 액셀러레이터를 밟을 때 트랙션을 뒤에 더 주며, FF의 경우는 뒤 타이어가 따라오는 느낌이기에 전륜 타이어 폭을 크게하여 운전하기 원활하게 한다.

▲ 일본 슈퍼 포뮬러 타이어 & 휠

▲ 2014년 일본 슈퍼GT 500 클래스에 사용된 휠

하지만 FF의 경우는 구동력이 앞에 있기 때문에 무조건 앞타이어를 크게 하는 것이 트랙션을 보았을 때 좋은 것 같지만. 앞타이어는 스티어링이 좌우로 움직이기 때문에 넓은 타이어를 사용할 경우 여러 부분들이 타이어에 접촉해 타이어의 파손될 수 있으므로 주의가 필요하다.

또한. FR의 경우는 트랙션이 뒤에 있기 때문에 앞타이어 폭보다 뒤타이어 폭을 넓히는 것이 안정적인 코너링을 구사할 수 있다

또한, 휠 선택에서 각 휠 메이커에 따라 옵셋이 다양하므로 차량에 맞는 선택을 하는 것이 중요하다.

추가로 애프터 마켓용 용품으로서 휠스페이서를 사용해 전체적인 차폭을 넓히는 방법도 있다. 1mm~20mm 정도까지 폭을 조절할 수 있지만 주의해야 하는 것은 스페이서를 넣으면 휠을 고정하는 볼트 너트의 조임 부분이 짧아지기 때문에 주행 중 조임이 풀리는 경우가 있으므로 토크랜치를 사용해 정기적인 점검이 필요하다.
물론 10mm 이상일 경우 볼트 너트의 조임 부분이 부족하기 때문에 스페이서에 새로운 볼트가 고정돼 있기도 하다.

또, 과하게 차폭을 넓히면 서스펜션이 위로 올라갈 때 보디에 접촉해 타이어에 손상을 입힐 수 있으므로 주의해야 하며, 법적인 부분에서도 불법이 될 수 있으므로 주의해야 한다.

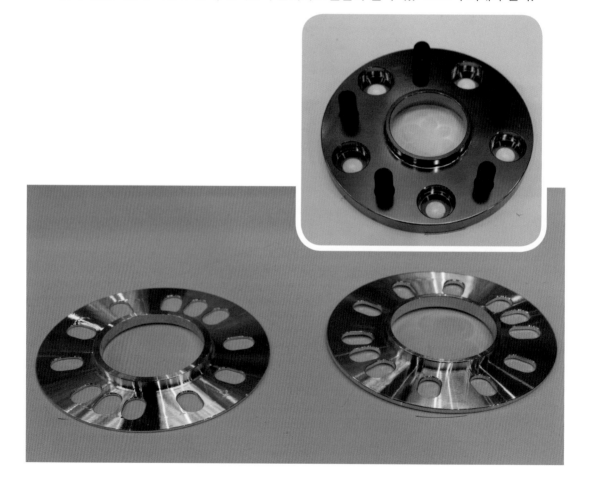

타이어 공기를 질소로 바꾸기

타이어 공기를 주입할 때 보통은 일반 공기를 사용한다. 이 부분을 질소로 바꿔보자. 타이어 안에 들어 가 있는 공기는 수분이 많기 때문에 차량이 주행하면서 타이어 안의 수분이 팽창해 전체적인 공기압이 올라간다. 그래서 계절에 따라 공기압의 차이가 클 수도 있고 그에 따른 연비 관련 사항도 있다.

질소를 사용할 경우 질소 안에는 일반 공기보다 수분이 적기 때문에 열 팽창이 적어 일정한 공기압을 유지할 수 있다.

튜닝승인 필요없음 튜닝승인 필요 튜닝제한

22 스트럿 바(Strut Bar)

좌우의 댐퍼(쇼버) 장착위치(상위부분)에 추가 장착해 좌우를 연결하는 바로써 차체의 강성(강도)을 높여 서스펜션의 움직임을 향상시키고 핸들링을 좋게 하는 역할을 한다.
단, 서스펜션과 연결조인트가 부드러울(약할) 경우 운전자 자체가 스트럿 바의 장점을 못 느낄 수도 있다.

스트럿 바를 제작하는 글로벌 브랜드로는 CUSCO , BLITZ 등이 있다.

[냉각수 편]
알면 돈되는 차량 소모품관리 Know-how

Q1) 무더운 여름날 간혹 고속화도로 주변 갓길에 연기가 올라오는 보닛을 열어 놓은 채 차를 세워 놓은 광경을 볼 수 있다. 이것은 냉각수 문제일까?

무더운 여름날 갑자기 자동차의 출력이 떨어지고 덜컥덜컥 하거나 수온 게이지 온도가 Hot 위치로 올라가며 냉각수가 끓어 넘치는 일명, '오버히트(Over Heat)' 현상이 발생한다면 냉각 계통에 문제가 생겼을 가능성이 높다.

만약 냉각수가 부족해서 보충해야 하는 경우라면 냉각수 보조탱크나 엔진룸에 위치한 라디에이터 캡을 열어 냉각수를 주입하면 되는데, 캡을 열 때는 매우 조심해야 한다. 오버히트 현상이 발생했을 때의 냉각수나 수증기 온도는 피부에 닿았을 경우 화상을 입을 정도로 뜨겁기 때문이다. 특히 라디에이터 안에는 압력이 차 있어 캡을 여는 순간 '퍽' 하고 뜨거운 물길이 솟구칠 수 있다는 것을 항상 염두에 두어야 한다. 그래서 캡을 열 때는 수건이나 목장갑을 이용해 캡을 누르면서 천천히 개봉해야 한다.

Q2) 오버히트 발생 시에 차량에 보관 중인 냉각수가 없을 때 대처방법은?

냉각수가 부족할 때는 같은 종류의 냉각수로 보충하는 것이 가장 좋지만, 미리 준비한 여분이 없을 때에는 주변에서 쉽게 구할 수 있는 물을 이용하는 것도 방법이다. 하지만 물을 가려서 넣어야 한다. 잘 못하면 냉각계통에 심각한 손상을 가져올 수 있다는 것을 명심하자.

주로 냉각수로 사용 가능한 물은 '수돗물', '정수기 물'이나 '빗물' 등이다.

반면, '지하수'나 '하천물'은 산이나 염분을 포함하고 있어 냉각수로 사용할 수 없으며, 편의점의 '생수' 역시 미네랄 성분으로 인하여 냉각계통을 부식시킬 수 있으니 사용하지 않아야 한다. 이러한 부적합한 물을 냉각수로 장기간 사용하면 화학작용으로 인하여 냉각계통 부품에 심각한 부식이 발생하여 차량에 치명적인 손상을 줄 수 있다.

Q3) 그렇다면 운전자의 입장에서 평소에 냉각수의 점검은 어떻게 해야 하고 교환주기는 얼마나 되나?

냉각수 점검방법은 우선 보닛을 열고 차량 앞쪽의 라디에이터 캡을 완전히 열어 냉각수의 양이 라디에이터 캡 윗부분까지 가득 차 있는지 확인한다. 이 때 냉각수의 양이 부족하면 라디에이터 캡을 닫았을 때 냉각수가 흘러넘치지 않을 정도까지 보충한다.

또, 라디에이터와 연결된 리저브 탱크를 확인하여 부동액이 부족할 경우 뚜껑을 열고 여기에도 냉각수를 보충한다.

추가로 엔진과 라디에이터의 연결호스도 주기적으로 손으로 눌러서 기존의 말랑말랑한 고무호스가 열화현상으로 딱딱해져 있는지도 확인해야 한다. 만약 호스가 경화되었다면 연결부위에 누수가 생기는 원인이 된다.

냉각수의 교환주기는 보통 2년 정도이며 오염도를 확인하여 교환시기를 결정하면 된다.

냉각수를 교환하는 주요 이유는 라디에이터와의 부식으로 인한 냉각효율의 저하와 코어 막힘 등을 사전에 방지하기 위한 것이다.

Q4) 겨울에 사용하는 부동액과 냉각수는 다른 것인가?

실제적으로 같은 것을 지칭하는 것으로 평소에는 냉각의 기능이 있으므로 냉각수라고 하며 특히, 겨울에는 얼지 않도록 하는 역할을 한다고 하여 부동액이라고 하는 것이다.

레이싱카의 휠 고정

휠을 한 곳만 고정하면 어떻게 될까?

휠을 한 곳만 고정한다면 고속주행 중에 휠이 따로 움직인다.
휠과 차량에 있는 허브(업라이트 Uplight)와 결합이 되는데 허브 또는 휠에 핀이 장착되어 있어
그 핀과 휠을 결합하게 되므로 주행할 수 있게 된다.

일반적으로 포뮬러의 경우는 핀이 허브에 장착되어 있어 휠에는 핀이 들어갈 수 있는 많은 구멍
이 있다.

지티(GT)차량 같은 경우는 반대로 허브에 많은 구멍이 있고 휠에 여러 핀이 고정되어 있다.

VI

엔진룸 튜닝

자동차의 앞쪽 덮개를 보닛이라고 하는데, 운전자 스스로 점검할 수 있는

대부분의 부품은 보닛을 열면 나타나는 엔진 룸에 모여 있다.

23 에어클리너 (Air Cleaner) 교체하기

사람이 숨을 쉬지 않으면 죽는 것과 마찬가지로 차량의 엔진에는 공기가 들어가지 못하면 엔진은 작동하지 않는다.

에어클리너의 역할은 엔진의 연소실에 흡입되는 공기를 필터링하여 먼지, 이물질들을 걸러내어 상대적으로 깨끗한 공기가 연소실로 들어가게 한다.

이물질을 걸러내기 위한 에어클리너(필터)의 장착으로 공기저항이 커져 많은 공기가 일시에 통과하기에는 어려운 것이 사실이다. 이러한 상황을 극복하는 방법으로 튜닝부품을 사용하여 개선할 수 있다.

에어클리너는 일반적으로 2가지 종류가 있는데 첫 번째로는 차량 출고 시 장착된 에어클리너와 같은 형태이며 차량의 에어클리너 케이스를 열어 교환하는 것이다. 단순한 작업으로 일반적으로 많이 쓰이고 있다.

두 번째는 버섯 모양을 가지고 있는 에어클리너가 있는데 이것은 일반적인 에어클리너와 달리 많은 용량의 공기가 흡입되도록 설계되어 있다. 그렇기 때문에 엔진튜닝을 한 차량에 적합한 필터이다.

또한, 동시에 중간에 연결되는 파이프의 전체적인 크기(파이)를 높여 조금이라도 많은 공기를 보낼 수 있는 기능성이 높은 에어클리너이다. 특히, 터보 차량에 많이 사용되고 있다.

단, 장착시에는 순정 에어클리너 케이스를 제거해야 하며 엔진룸 내의 부품 중에는 많은 열을 발생하는 것들이 있으므로 열의 영향이 없는 각도 등이 중요하며, 좀 더 열의 영향을 줄이기 위해서 에어클리너를 감싸는 벽 같은 것을 만들어 장착하기도 한다.

에어클리너를 제작하는 글로벌 브랜드로는 HKS, K&N, BLITZ 등

24 블로 오프 밸브 (Blow off valve)

블로 오프 밸브란 터빈과 스로틀 밸브 사이에 장착하는 부품으로, 흡입공기의 압력을 일시적으로 밖으로 방출하는 기능을 가지고 있다.

터빈으로부터 압축공기가 보내지고 있을 때 스로틀 밸브가 닫히면 보내지던 압축공기가 역으로 돌아가 순간적으로 파워가 떨어진다. 블로 오프 밸브는 이러한 현상을 방지하기 위한 수단으로 중간에 밸브를 장착해 일시적인 압축공기를 밖으로 방출하는 장치이다.

다시 설명하자면 수동기어 장착 차량인 경우, 운전 중에 기어를 변속 시 순간적으로 엑셀페달을 띠는 순간 터빈과 스로틀밸브의 사이 압축공기가 차단되기 때문에 역으로 흘러가는 현상이 일어나며 다시 엑셀 페달을 밟을 경우 순간적으로 공기의 흐름이 뒤떨어지는 현상이 일어나는데 이것을 방지하기 위한 수단으로 장착하는 것이 블로 오프 밸브이다.

블로 오프 밸프를 장착하면 기어변속 시 퓨~~ 퓨~~ 하는 소리가 나며 메이커에 따라 방출하는 소리가 다른 경우도 있다.

블로 오프 밸브를 제작하는 글로벌 브랜드로는 HKS, BLITZ, TRUST 등이 있다

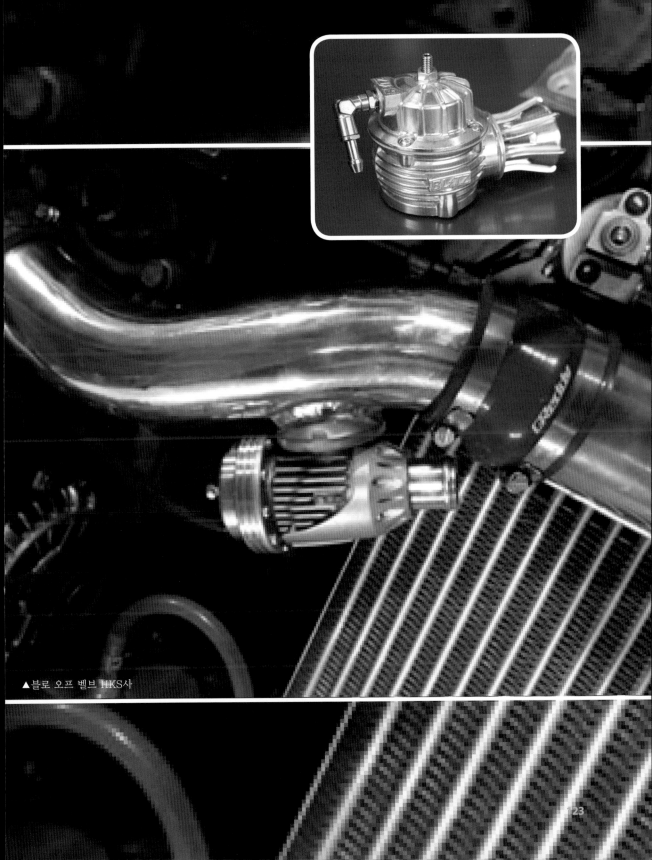

▲블로 오프 벨브 HKS사

25 라디에이터 &
라디에이터캡 교체하기

차량을 움직이게 하는 동력원은 엔진이며 엔진 내부에서는 많은 열이 발생하는데 이러한 열을 식혀주기 위한 냉각시스템 부품 중 하나가 라디에이터이다. 엔진의 뜨거운 열은 냉각수라고 하는 액체가 열을 전달받고 뜨거워진 냉각수는 라디에이터를 통과하면서 식혀지고, 다시 엔진 내부로 순환하는 것이다.

라디에이터
라디에이터를 교체하는 목적은 엔진튜닝을 했을 때 고회전을 사용하는 경우가 많아 수온이 올라가기 쉬우므로 안정적인 수온유지를 위해 효율성이 높은 라디에이터로 바꾸는 것이다.

라디에이터의 2가지 소재
일반적으로 많이 쓰이고 있는 것이 황동으로 만들어진 라디에이터이며, 고급 차량의 경우는 알루미늄 라디에이터를 장착하고 있다.
튜닝제품의 라디에이터는 알루미늄으로 제작된 것이 대부분이다.

알루미늄 라디에이터는 황동에 비해 가볍고 열의 전도율이 높은 장점이 있어 많이 사용한다. 그렇기 때문에 주행 중 차가운 공기가 라디에이터를 지나갈 경우 냉각효율이 높아진다. 또한, 라디에이터의 구조를 보면 물이 지나가는 통로와 공기가 지나가는 코어로 형성되어 있어 순정 라디에이터보다 두께와 코어 수량이 상대적으로 많으므로 냉각수의 양과 공기로 인한 냉각성의 효율을 높이고 있다. 또한, 가압했을 때 라디에이터가 견딜 수 있는 압력에 관해서도 제작과정이 황동보다 수월하기 때문에 주로 사용되고 있다.

라디에이터를 교환할 때는 라디에이터 캡도 동시에 교환하는 것이 중요하다. 또한, 냉각수도 정기적인 교환으로 이물질 등을 배출할 수 있으므로 라디에이터의 냉각수 순환 속도 등이 달라지기도 한다. 위 내용을 정리하자면 알루미늄 라디에이터는 열 전도성과 냉각성이 강하며 압력에도 황동보다 강하기 때문에 많이 사용된다. 또한, 냉각수의 정기적인 교환(2년에 1회)으로 엔진 안에 발생하는 이물질을 밖으로 배출해 냉각수 순환을 수월하게 하며, 효율적이다.

단점으로는 활동에 비해 충격에 약해 주행 중에 외부의 충격에 파손되는 경우도 있다. 또한, 최근의 차량 엔진룸은 매우 좁기 때문에, 라디에이터 두께 등의 이유로 다른 부품과 간섭이 일어날 수도 있어 장착 하기가 어렵다는 점을 들 수 있다.

고압 라디에이터를 교체할 경우 추가로 고무호스도 고압에 대응하는 부품으로 교체하는 것을 추천하며 알루미늄 파이프로 만들어진 부품을 장착하는 것도 좋은 방법이다. 용량이 크고 압력에도 강한 라디에이터를 장착해 라디에이터에 압력을 가하는 경우 라디에이터 이외의 다른 부품에서 압력손실이 일어나기 때문에 이 부분을 고려해 동시에 교체하는 것이 바람직하다.

라디에이터 캡

차량의 엔진이 과열되는 것을 막기 위해 엔진 사이로 물을 흐르게 하고 라디에이터라는 부품을 통하여 뜨거워진 물을 식히는 수냉식이 대부분 사용되고 있다.
차량의 엔진튜닝으로 인하여 엔진은 좀 더 뜨거워지는 경향이 있으므로 더욱더 엔진을 식혀주는 것이 중요한 과제 중의 하나이다.

일반적으로 라디에이터에 물과 냉각수(부동액)를 혼합해 사용하는데 라디에이터 캡은 일정한 압력을 가해 물의 비점을 높이는 역할을 하고 있으며 차종에 따라 약간 다른 특성치를 갖고 있다.

라디에이터 캡에 조금 높은 압력을 가해 비점을 더욱 더 높여 여름의 오버히트를 방지할 수 있다. 단 일반 라디에이터에 많은 압력을 가했을 경우 라디에이터의 파손과 라디에이터와 엔진에 연결되는 고무호스가 파손되는 경우가 많으므로 이 점을 주의해야 한다.

Tip 캡 압력

일반적인 차량의 캡은 0.9~1.1kgf/㎠ (1.9~2.1bar)로 설정되어 있는 경우가 많다.
이것을 1.2~2.0kgf/㎠ (2.2~3.0bar)로 바꾸어 비점을 높일 수 있다.

캡의 구조는 캡 안에 스프링이 장착되어 있으며 스프링의 강도에 따라 압력이 변한다. 또한, 일정 온도가 올라갔을 경우 라디에이터의 압력도 상승하기 때문에 파손을 피하고자 스프링이 줄어들어 압력을 대기압으로 방출하는 역할을 하고 있으므로 냉각수(부동액)도 냉각수 보조탱크로 이동한다.

매번 이런 식으로 움직이고 있기 때문에 스프링 자체가 약해지면 기준치의 압력 전에 열리는 경우가 발생하여 오버히트를 일으킬 수 있으므로 라디에이터 캡도 상태를 확인하고 필요 시 교체하는 것을 추천한다.

위와 같이 압력에 따라 비점이 달라지며 냉각수(부동액)의 농도에 따라서도 비점이 변화된다.

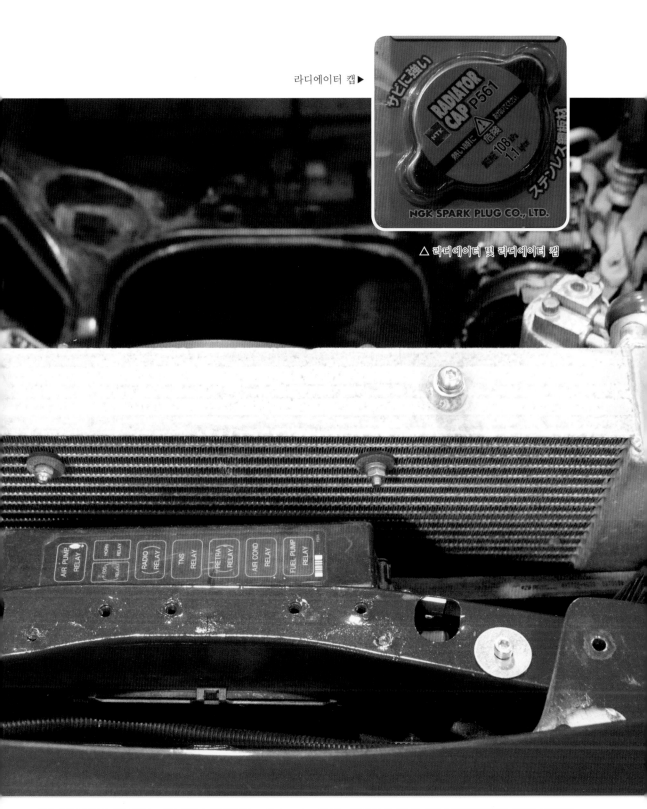

라디에이터 캡 ▶

△ 라디에이터 및 라디에이터 캡

라디에이터를 제작하는 글로벌 브랜드로는 Calsonic, TRD, CUSCO 등이 있고 라디에이터 캡을 제작하
는 글로벌 브랜드로는 TRD, MUGEN, NISMO 등이 있다.

26 배기관(배기 매니폴드), 머플러 튜닝(EXHAUST)

엔진에서 연료와 공기가 섞여서 폭발한 후에 발생한 배기가스는 배기관을 통하여 차량의 밖으로 배출되는데 이러한 배출 통로를 흔히 배기관 세트라고 한다.

배기관 세트는 크게 3가지의 부품으로 구성되어 있다.
첫째는 엔진에서 나오는 배출가스를 한곳으로 집중하기 위한 메니폴드라는 부품이 있다.
둘째는 중간에 배기가스를 걸러 주기 위한 촉매라는 것이 중간에 달려 있고, 마지막으로, 머플러가 달려 있어 소리음량을 조절하고 필터 기능을 한다.
여기서 가장 쉬운 튜닝은 머플러를 바꾸는 것이다. 일반적인 머플러는 각 나라의 소음 기준과 배기가스 측정치에 적합하게 만들어져 있다. 이것을 각국의 법률 기준치에 적합한 것으로 선택하는 것이 먼저 확인해야 할 사항이다.

일반적인 지식으로 머플러를 직선으로 뽑아내면 저항이 낮아서 좋다라고 많이 전해져 왔다. 물론 저항적인 측면만을 고려할 때 틀린 사실은 아니지만, 꼭 직선이라서 좋다고만 할 수는 없다. 직선의 머플러는 소음을 유발하며 이러한 형상은 소음기의 효율성을 떨어뜨린다.
그 이유로서는 머플러 속에는 사이렌서라는 필터 같은 역할을 하는 부품이 들어가 있으며 배기가스의 흐름을 바꿔 배출하고 일부러 저항을 만들어 전체적인 배출가스의 흐름을 제한하고 있다. 이것에 따라서 음향과 효율성이 달라진다.

정리하면 머플러에 연결되는 중간 파이프의 크기를 크게 할 경우 배출되는 가스의 저항이 적어 엔진의 성질이 많이 변화된다. 예를 들어 중간 파이프(매니폴드 끝 부분과 촉매를 포함한 사이렌서 사이)가 커지면 배출가스 저항이 적어져 엔진의 고회전을 도와주는 역할을 한다. 단 저회전의 경우는 엔진의 저항이 적기 때문에 토크가 떨어져 저회전 때 힘을 못 느끼는 경우가 발생한다. 적절한 저항이 필요하기 때문에 각 메이커가 다양한 측정을 통해 파이프 치수를 정하는 것이다. 또한, 저항을 만들어주는 것은 사이렌서 안에서의 배기가스 통로 때문에 저항을 만들기도 한다. 일반적으로 사이렌서 안에는 배기 파이프를 직선으로 밖으로 분출하는 방식(스트레이트형, 직선파이프를 중심으로 주위에

소음을 제거하기 위해 클래스울이 있음) 과 사이렌서 안에 다른 파이프를 나란히 장착
해 사이렌서 안에 저항을 만드는 방식이 있으며 후자인 다단팽창형이 많이 사용된다.

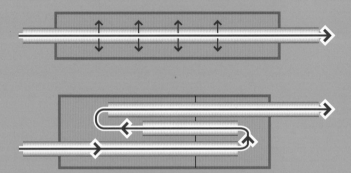

앞에서 언급한 촉매에 관해서 알아보면 머플러와 촉매가 연결되는데 이 또한 저항이
크기 때문에 구조적인 변경으로 저항을 적게 하는 튜닝부품이다. 불법적으로 촉매를
제거하여 직선 파이프로 연결하는 경우도 있지만 그럴 경우 차 실내에서의 사운드가
시끄러워지는 경향이 있어 촉매를 제거하는 대신에 저항이 적은 촉매를 장착한다.

매니폴드를 교체하는 이유는 예를 들어 4기통 엔진의 경우 1-3-4-2의 순서로 연소
실이 폭발해서 피스톤이 움직이는데 여기서 배기가스가 1번 터지고 3번 터지고 다음
은 4번이 터지는 순서로 갈때 1번 배기통과 4번 배기통의 길이가 다르기 때문에 배
기가스가 부딪히는 현상이 일어난다. 그래서 1, 2 ,3, 4 배기통의 길이를 전부 동일한
길이로 만들어 부딪히지 않게 하여 저항을 줄여 배기가스 배출을 수월하게 한 것을
일명 '문어발'이라고 불려지기도 한다.

머플러 대신 직선 파이프로 하는 단점으로는 저항력이 적어 연소실이 폭발했을 경우
완전연소 전에 배기로 빠져 나가는 경향이 있어 연비 악화는 물론 파워손실이 일어
나는 경우가 있다. 또한 에프터 파이어(After Fire)가 일어나는 경우가 생기기도 한다.

Tip 에프터 파이어(After Fire)
엔진 안에서 불완전연소로 인해 연료가 밖으로 나와 공기와 접촉하여 밖에서 연소하는 현상

머플러를 제작하는 글로벌 브랜드로는 HKS, MUGEN, FUJITSUBO 등이 있다

▼ 터보용 배기 미니폴드

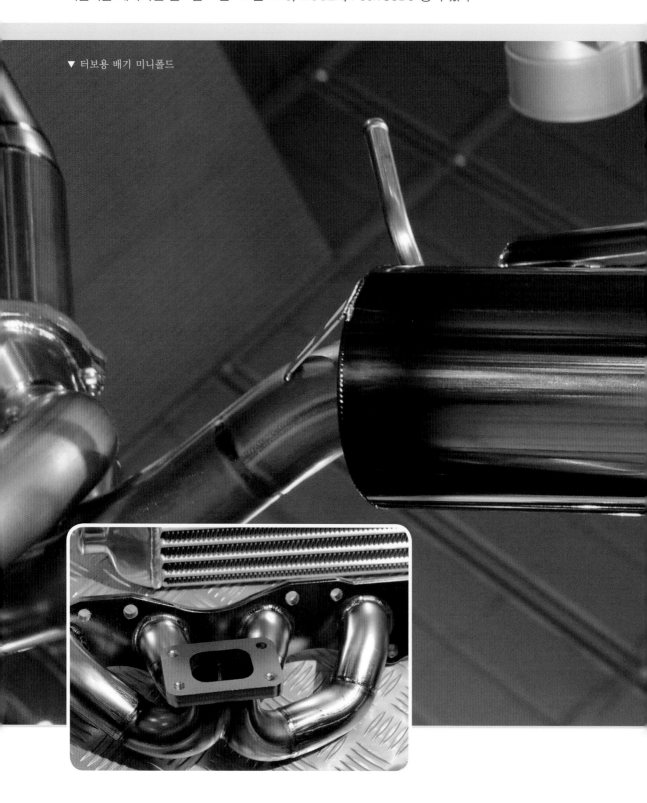

27 점화플러그 및 점화플러그 케이블 교체하기

자동차가 움직일 때 필요한 에너지는 엔진 내에서 연료와 공기의 혼합기가 폭발함으로써 만들어진다. 이러한 폭발이 일어나도록 불꽃을 발생시켜 주는 장치가 바로 점화플러그이다.

일반적으로 점화플러그의 동작은 4단계로 나누어진다.

1단계는 스파크가 발생하고

2단계로 불꽃이 발생하고

3단계로 불꽃이 성장하여

4단계로 혼합연료에 점화, 폭발을 일으키는 역할을 하는 것이다.

점화플러그는 연소실 안 연소가스의 열을 식히기 위한 부품으로 열가라고 불리는데 이 열가의 수치가 크면 냉형(고회전 차량에서 열을 많이 식혀줘야 하므로 냉형이라고 함), 수치가 작으면 열형으로 나누어진다. 또한, 저회전의 경우는 열형을 사용하고 고회전의 경우에는 냉형을 사용하는 것이 일반적이다.

예를 들어 NGK 플러그를 보았을 경우 일반적인 플러그는 열가 6을 기준으로 6 미만의 플러그는 열형이며 6 이상이 냉형으로 나누어져 있으며, 9.5 이상은 레이스 차량용으로 일반 자동차 튜닝차량에는 부적합한 사항이다.

그러므로 엔진에 적합한 열가를 선택하는 것이 중요하다. 엔진성능보다 열가가 낮으면 연소가스의 열이 높아 플러그가 녹아버리는 현상과 피스톤과 열로 인한 파손 등의 현상이 일어난다. 열가가 엔진에 비해 높은 경우는 플러그 온도가 낮아져 점화부에 카본이 부착되거나 점화성능이 떨어지는 경우가 많으므로 주의해야 한다.

엔진튜닝 차량에 관해서는 일반엔진보다 고회전을 사용할 가능성이 높기 때문에 표준으로 사용했던 열가의 수치를 한 단계, 두 단계 올리는 것이 이상적이고, 엔진의 흡입공기량과 배기에 관해서 속도가 빨라지기 때문에 일반 플러그를 사용할 경우 불완전연소로 배기로 불완전연소 가스가 빠져나가는 경우가 있어 엔진 파워가 떨어지는 가능성

도 있으므로 고성능 점화 플러그로 교체하는 것이
이상적이다.

그리고 가장 중요한 것은 점화플러그는 소모품이
므로 일반플러그인 경우 3만km 기준으로 교체하
는 것이 좋으며 열가가 높을수록 플러그의 내구성
이 떨어지기 때문에 교체시기를 단축하는 것이 좋
은 방법이다.

▲ NGK 플러그

점화플러그 케이블

점화 코일에서 플러그까지 고압의 전압을 전달하는 데 있어서 저항이 적은 케이블로 교체함으로써 좀 더 강한 점화를 할 수 있다. 또한, 케이블의 재질을 실리콘 등의 재질을 이용하면 노이즈를 줄여 플러그의 성능을 높이고 연비도 개선될 수 있으므로 고성능점화 플러그로 교체하는 것이 이상적이다.

그리고 가장 중요한 것은 점화플러그는 소모품이므로 자동차의 경우는 주기적으로 교체하는 것이 좋으며 열가가 높을수록 플러그의 내구성이 떨어지기 때문에 교체시기를 단축하는 것이 좋은 방법이다.

▲ 일반 점화플러그 케이블

점화플러그 및 케이블을 제작하는 글로벌 브랜드로는 NGK, DENSO 등이 있다

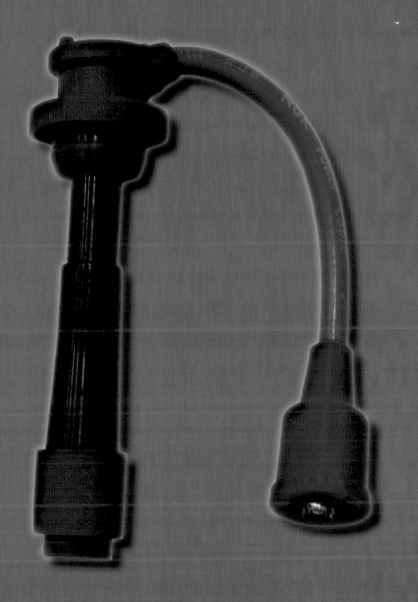

▲ 튜닝용 플러그 케이블

28 오일쿨러(Oil cooler) 장착하기

차량의 운행에 따라 엔진 내부에서 연료와 공기의 폭발작용 등으로 뜨거워진 엔진은 주로 냉각수와 엔진오일을 통하여 식혀준다. 엔진이 고회전 사용시간이 길어지면 수온과 유온이 올라가 냉각능력이 떨어지는 현상이 일어난다.

오일 온도가 상승하면 엔진이 파손될 가능성이 높기 때문에 파손을 방지하기 위한 수단으로 추가적인 쿨러를 장착해 엔진 안에 지나가는 오일을 공랭식으로 식혀 안정적인 엔진오일 온도를 유지한다.

장착은 엔진의 하측 부분에 오일필터가 존재하는데 필터 부분에 연결 어댑터를 장착하고 오일라인을 추가로 장착해 오일쿨러에 연결한다. 오일쿨러는 일반적으로 라디에이터 앞 또는 뒤에 장착하는 방법이 많이 사용된다.

오일쿨러를 제작하는 글로벌 브랜드로는 TRUST(GREDDY), CALSONIC 등이 있다.

▲ 오일쿨러(TRUST사 제품)

29 인젝터(Injector), 연료펌프 교체하기

인젝터(Injector)란 엔진의 연소실에 연료를 분사하는 장치이다. 연소실에 들어가는 공기량이 늘어나고 배기력이 높아지면 연료 분사량이 적어져 연소실 안의 폭발 능력이 떨어지기 때문에 순정 인젝터보다 용량이 큰 인젝터를 사용해 조금 더 많은 연료를 분사하는 것이다.

단, 인젝터만 변경한다고 해서 연료량이 늘어나는 것이 아니고 연료탱크에서 흡입하는 펌프의 용량을 높여 연료 라인의 전체적인 압력을 가해 분사하는 순간에 많은 연료를 연소실로 보내 폭발 과정을 높인다.

또한, 순정 ECU(Electronic Control Unit)로는 용량이 큰 인젝터와 고압 펌프를 사용해도 실질적으로 분사되지 않기 때문에 서브 컴퓨터(F-CON, V-PRO등)를 ECU와 연결해 서브 컴퓨터로 연료 분사량을 높이는 방법으로 사용된다.

▲ HKS 서브컴퓨터

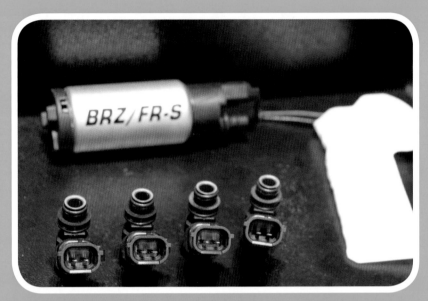

▲ 인젝터(Injector)과 연료고압펌프

▲ 대용량 인젝터(Injector)

튜닝승인 필요없음 튜닝승인 필요 튜닝제한

30 과급기 (터보차저, 슈퍼차저)

과급기는 일반적으로 2가지 종류가 있다. 배출가스의 내부 에너지를 이용해 터빈을 회전시키고, 그 회전력을 이용해 엔진 안으로 압축공기를 보내는 것을 터보차저(Turbo Charger)라고 한다. 또한, 일반적으로 엔진의 크랭크 샤프트에 벨트를 연결해 동력으로 컴프레셔를 구동하고, 흡입공기를 압축하여 엔진으로 공급하는 것을 슈퍼차저(Super Charger)라고 한다.

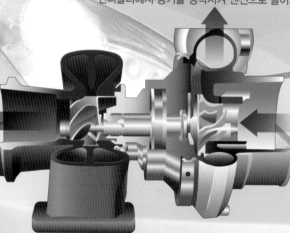

터빈을 통해 압축한 공기는 인터쿨러로 보내져
인터쿨러에서 공기를 냉각시켜 엔진으로 들어가게 된다.

배기가스로 터빈을
회전시킨 후
머플러로 배기가스가 방출

에어클리너를
통해 공기가
터빈 안으로 들어간다.

매니폴드에서 나오는 배기가스가
터빈안으로 들어간다.

Tip 터보 차저 튜닝(Turbo Charger Tuning)
배기가스를 재사용해서 공기를 압축함으로써 출력을 높임. '터보' 또는 '터보차저'라고도 함

Tip 슈퍼 차저 튜닝(Super Charger Tuning)

엔진의 힘을 동력으로 더 많은 공기를 넣어줌으로써
출력을 높임.

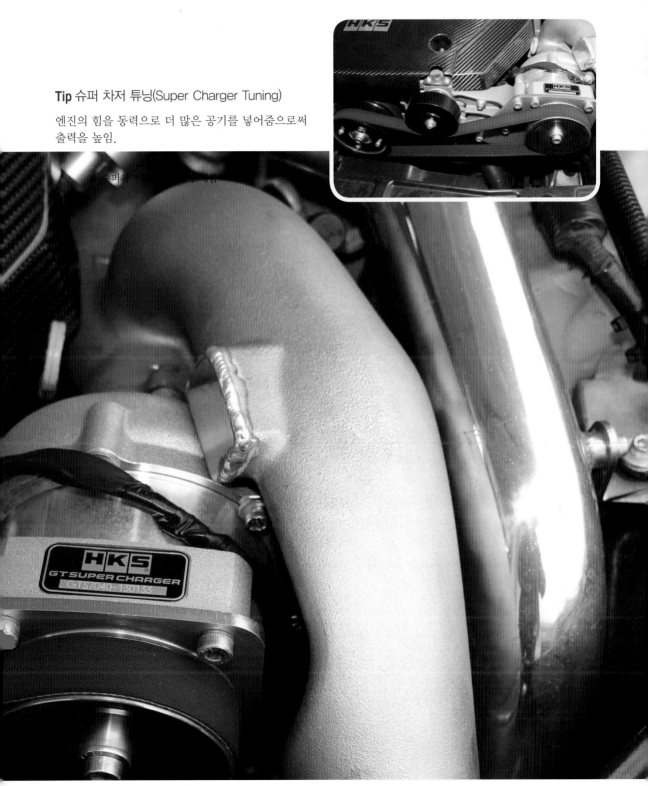

▲ 슈퍼 차저 튜닝(HKS사 제품)

▲ HKS 터빈

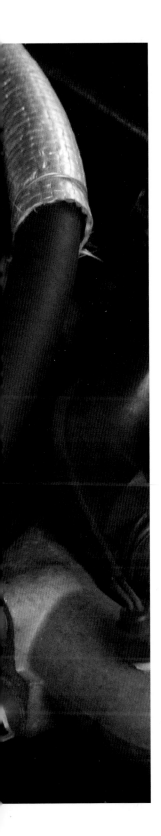

엔진 출력을 높이기 위해 터빈을 대용량 터빈으로 교체해 많은 압축공기를 엔진으로 보낸다. 일반 순정 터빈의 경우 엔진 회전에 대해서 공기압축 비율과 인테크로 보내지는 공기량이 적기 때문에 가압력이 떨어진다. 이 부분을 보강하기 위한 수단으로 터빈 안에 있는 임펠러(Impeller)라고 하는 프로펠러 같은 모형이 들어가 있어 배기가스를 이용해 회전시켜 많은 공기를 압축해서 인테크로 보내는 것을 부스터(Booster)라고 한다.

엔진 회전율이 높아지면 배기량이 많아지고 배기량이 많아지면 임펠러가 회전하는 횟수가 높아져 급격하게 기압(부스터)이 올라간다. 이것을 방지하기 위해 일정 터빈 회전수(임펠러) 수치가 넘었을 경우 배기로 나가게 하는 보조통로가 존재해 공기압(부스터)을 제한하고 있다. 또한, 차량 출고 시 제한된 부스터 수치가 정해져 있어 연소실로 최대치의 공기압을 보내 연소시키는데 여기서 터빈을 고성능으로 교체하면 연소실로 보내지는 공기압이 높아지기 때문에 과도한 압축공기의 유입으로 인해 피스톤 등이 파손될 가능성이 높기 때문에 연소실의 압축비를 낮추어 많은 압축공기를 보내고 또한, 많은 압축공기로 인해 연료 분사량을 높이고 연소실의 폭발력을 높여 엔진 출력을 높이는 것이 목적이다.

압축비를 낮추는 방법으로는 엔진블록과 엔진 헤드 사이에 가스켓이라는 것이 들어가 있는데 이 가스켓을 좀 더 두꺼운 것으로 교체해 연소실 안의 면적을 높이면 압축비가 내려가는 방식이다.
또한, 터빈성능에 비해 크게 압축비를 내려야 할 경우는 두꺼운 가스켓과 엔진 블록의 면(가스켓과 블록 사이)을 가공해 연소실의 면적을 높이는 경우가 생기기도 한다.

반면 터보의 단점으로는 엔진 회전보다 터빈이 초기에 움직이는 시간적인 차이가 발생하게 되므로 초기의 반응속도가 떨어지는 경우가 많다. 이러한 시간적인 차이가 발생하는 것을 터보 래그(Turbo Lag)라고 한다.

트윈 터보의 경우는 엔진에 따라 초기에 하나의 터빈이 회전하다가 일정 회전을 넘으면 또 다른 터빈이 회전하면서 많은 압축공기를 보내게 되는 차량도 있다. 트윈 터보의 경우에도 두 번째 터빈이 움직이는 순간에 터보 래그를 느끼는 경우도 있어, 이 부분을 원하지 않을 경우는 2개의 터빈을 큰 용량의 터빈 1개로 바꾸는 경우도 있다.
트윈 터보를 싱글 터보로 변경할 경우에는 매니폴드(Manifold)도 싱글용으로 교체해야 하며, 일반적으로 직렬 6기통 트윈 터보 차량에 많이 장착된다.

부스터를 높이기 위해서는 일반적으로 기계식과 전기식으로 나누어지며, 지금은 전기식을 선호하는 경향이 많고 전기식으로는 부스터 컨트롤러라는 것을 실내에 장착해 실내에서 원하는 부스터를 조정할 수 있는 기능을 가지고 있기도 하다.
슈퍼 차저에서는 터보와 달리 크랭크 샤프트를 이용해 인테크로 보내는 공기압을 높이는 것으로 터보보다 속도 반응이 빠른 것이 장점이다.

터보차저를 제작하는 글로벌 브랜드로는 HKS, GARRETT 등이 있다.

31 인터쿨러(Inter Cooler) 교체하기

인터쿨러를 장착하는 이유는 터보나 슈퍼 차저에서 압축시킨 공기를 인테이크로 보낼 때 압축된 공기가 뜨거우면 연소실 안에서의 공기 면적이 적어지므로 혼합비가 떨어져 엔진에서 이음(녹킹)이 발생하게 된다. 그러므로 가압한 공기를 최대한으로 냉각시키기 위한 수단으로 인터쿨러를 장착해 인테이크로 보내는 공기를 냉각시키는 역할을 한다.

일반 순정 터빈은 가압력이 낮기 때문에 큰 용량의 인터쿨러가 필요하지 않지만, 터빈과 부스터가 높아지면서 압축하는 효율성도 높아지기 때문에 이 부분에 적당한 대용량 인터쿨러로 교체한다.

인터쿨러는 일반적으로 엔진 위에 장착해 보닛 위로 지나가는 공기를 보닛 안으로 넣어서 식히는 방법이 있는데 이 방법은 일반 라디에이터 앞에 장착하는 것에 비해 그 효율이 약 20% 떨어지는 것으로 알려져 있다.

또, 차체의 측면에 장착하는 경우도 있는데 그 또한 앞에 장착하는 것에 비해 효율은 약 10% 정도 떨어진다고 알려져 있다.
현재 대부분 라디에이터 앞에 장착하여 라디에이터와 동시에 냉각하는 것이 일반적인 장착방법으로 알려져 있다.

공기의 흐름은 공기필터 → 터빈 → 인터쿨러 → 스로틀밸브 → 인테이크 – 엔진 연소실 순으로 지나가게 된다.

◀ 인터쿨러 단품

인터쿨러를 제작하는 글로벌 브랜드로는 칼소닉(CALSONIC), 브릿츠(BLITZ), 트러스트(TRUST) 등이 있다

▲ 인터쿨러와 연결 파이프

32 보디 어스 (Body Earth) 늘리자

자동차에는 배터리가 장착되어 있어 발전기가 전력을 만들어 배터리로 보내 배터리에서 전력을 보관 후 차량 전체에 전력을 공급한다.

배터리는 플러스(+), 마이너스(−)가 있어 플러스로 전력이 전달되어 마이너스로 연결되는 것이며, 일반적으로 차체의 보디는 철이기 때문에 철에 연결해 통합적으로 배터리의 마이너스로 돌아오게 하는 방식이 보디 어스(Body Earth)이다.

차량의 성능(오디오, 라이트, 컴퓨터 등)이 높아지면서 많은 전력공급이 필요한데 어스(마이너스)의 용량이 작기 때문에 배터리로 돌아오는 용량이 적어지고 많은 배선으로 인해 노이즈가 발생하므로 전력부족 현상이 발생하게 된다.

이 부분을 개선하기 위한 수단으로 많은 부분에 어스(마이너스)를 추가해 전제적인 전력의 안정감을 주기도 하고 어스선의 두께를 크게 해서 노이즈를 줄여준다.
단, 많은 어스를 장착해 모든 배선을 배터리의 마이너스극으로 전부 모으기에는 배터리 단자가 감당하기 힘들기 때문에 터미널을 만들어 터미널에 모든 어스(마이너스)를 모으고 모은 터미널과 배터리 마이너스를 연결하는 방법이다.
이로써 엔진 시동의 안정감, 배터리 성능 향상, 아이들링 안정, 노이즈 절감 등의 효과를 볼 수가 있다.

▲ 보디어스 케이블

33 고광도 전조등(H.I.D) 교체하기

H.I.D란 High–Intensity Discharge Lamp의 약자이다. 또는 Discharge Headlight라고 하기도 한다.

할로겐램프와 비교하면 먼거리까지 비출 수 있고 램프의 수명도 할로겐램프보다 길다. 또한, 라이트를 점등했을 경우 밝아지는 시간이 할로겐램프보다 길기 때문에 로우빔과 하이빔의 사용이 어려워 일반적으로 로우빔만 H.I.D를 사용하고 하이빔은 할로겐을 사용하는 것이 기본적인 사용방법이기도 하다(로우빔과 하이빔을 사용하기 어려운 이유는 운전 시 위험한 순간에 순간적으로 하이빔을 사용하는 경우가 발생하는데 점등시간이 할로겐보다 길어 갑작스러운 하이빔 역할을 못하는 경우가 발생하기 때문이다).

H.I.D 세트는 램프, 배선, 안정기(Ballast)로 이루어져 있으며 부수적으로는 안정기를 고정하기 위한 양면 테이프와 배선을 고정하기 위한 것들이 들어가 있다.
연결구조는 차량의 램프에 연결되는 커넥터를 세트에 들어 있는 배선을 연결하고 안정기로 연결해 램프로 연결하는 단순한 작업이다.

단, 할로겐램프와 HID의 다양한 상품들이 많이 있기 때문에 차종에 맞는 램프 어댑터를 먼저 장착하고 HID를 장착하는 것이 올바른 작업이며, HID의 유리관은 손으로 만지지 않도록 주의하여야 한다. 그 이유는 뜨거운 HID 렌즈로 인한 화상을 방지하는 차원이기도 하지만 또 다른 이유는 손으로 만지면 자국이 남게 되어 밝기의 선명도가 낮아질 수 있기 때문이다.

또 전부 연결한 뒤 전정기를 흔들리지 않게 고정하고 길게 남아있는 배선들을 정리하자.

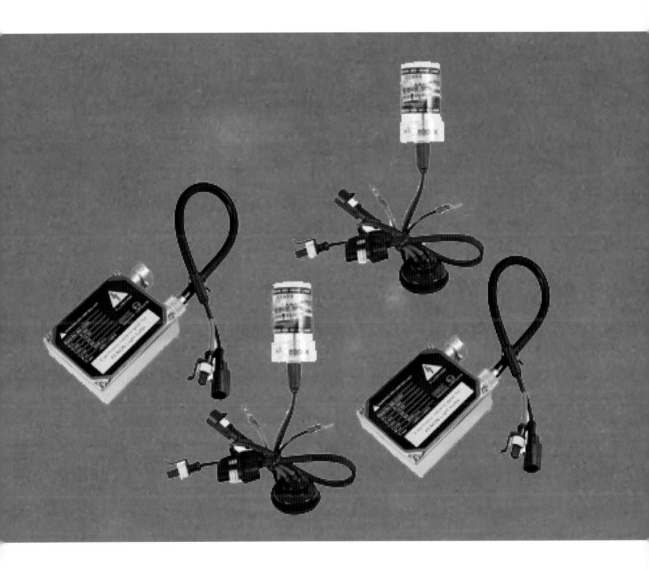

151

34 부스트 컨트롤러(Boost Controller) 장착하기

부스트 컨트롤러란 터보차저에 공기압력을 실내에서 조종할 수 있도록 한 장치이다(구조상 부스트 컨트롤러는 터보만 사용하기 때문에 슈퍼 차저에는 기본적으로 장착하지 못함). 컨트롤로의 종류는 기계식과 전자식이 있다.

터빈의 회전 때문에 공기가 압축되어 일정한 공기압을 넘어갈 경우 이 공기압을 제어하기 위해 터빈과 연결되어 있는 바이패스가 존재하는데 이 바이패스는 종류에 따라 기계식과 전자식으로 나뉘며, 그에 맞는 컨트롤러를 사용하는 것이다.

이것으로 엔진에 공급하는 공기압으로 높일 수 있는 기능을 가지고 있다.

이것을 부스트업(Boost up)이라고 하며, 과한 부스트를 올렸을 경우 엔진의 압축비 등으로 인해 엔진 파손될 가능성도 높기에 엔진 튜닝 후 적절한 부스트를 높이는 것이 바람직하다.

부스터를 높일 경우 엔진 점화시기도 바꿔야 하기 때문에 ECU에서 점화시기 조정이 필요하다.

▲ 부스트 컨트롤러(HKS사 제품)

35 터보 타이머(Turbo Timer) 장착하기

터보 타이머란 터보 차량의 필수적 용품이기도 하다.

주행이 끝나고 엔진이 정지했을 때 주행 중에 올라갔던 온도가 빨리 냉각되면 터보의 온도변화가 커져 터보 자체가 파손될 수 있기 때문에 이것을 방지하기 위해 엔진이 정지해도 일시적으로 공회전 터보 자체를 천천히 냉각시키는 시스템이다.

장착은 일반적으로 키 실린더에 연결된 배선을 중간에 터보 타이머 유닛과 연결하고 모니터를 실내에 장착하는 작업이다.

실내에서 모니터를 이용해 1분, 2분 등 시간을 설정해 줌으로써 운전자가 차량에서 벗어났을 경우에도 지정한 시간 동안은 엔진이 공회전하는 것이다.

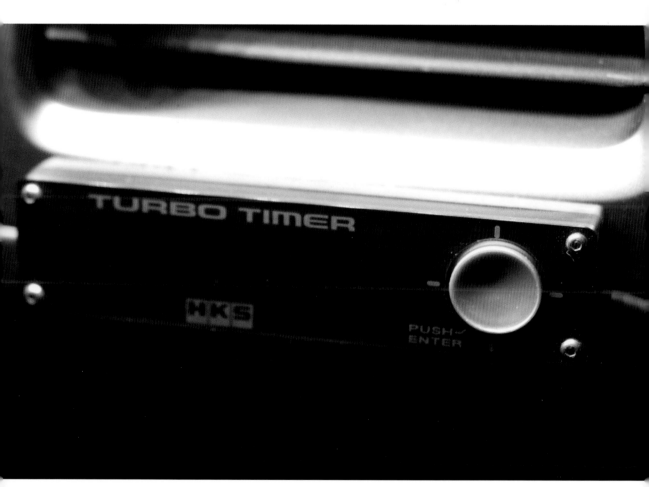

터보타이머를 제작하는 글로벌 브랜드로는 HKS, BRITZ 등이 있다.

알면 돈되는 차량 소모품관리 Know-how

Q1) '새 신을 신고 뛰어보자 팔짝~ ♬', 누구나 새 신을 신으면 기분이 좋다. 자동차의 타이어도 마찬가지?

사람들이 새 신을 신고 좋아하는 이유는 어떤 신발을 신었느냐에 따라서 느껴지는 안정감이나 피로도가 다르기 때문이다. 자동차 역시 마찬가지로 승용차만 해도 약 1.5톤의 무게를 타이어가 지탱하고 있기 때문에 고속으로 달릴 때 받는 하중을 생각하면 타이어가 얼마나 중요한지 새삼 느낄 수 있을 것이다. 하지만 현실적으로 자동차 운전자 중에 시동을 걸기 전에 타이어를 확인하고 운전하는 사람이 과연 몇 명이나 될까? 솔직히 말해서 대부분 운전자가 타이어에 대해서는 무관심한 듯하다. 혹시, 타이어에도 아침에 배달되는 우유처럼 유효기간이 있다는 것을 들어본 적이 있나?

Q2) 타이어에도 유효기간이 있다? 그렇다면 제조 일자를 알아야 하는데 운전자는 제조 일자를 어떻게 확인할 수가 있나?

타이어 수명에 대해서는 의견이 분분하다. 보통 4년에서 6년 정도로 보고 있으며 그 이후가 되면 정도의 차이가 있기는 하지만 조금씩 고무재질의 변화가 생겨 갈라짐 현상이 발생한다.
정비현장을 방문하는 운전자들이 차량 타이어가 심하게 갈라져 있음에도 불구하고 '타이어 마모한계선'만 확인하고 그냥 운행하는 운전자들이 생각보다 많다. 이러한 타이어들은 장시간 고속으로 주행 시 아주 위험한 결과를 초래한다.
타이어 제조 일자는 타이어 옆면에 보면 4자리 숫자로 되어 있는 것을 확인할 수 있다. 뒤의 두 자리는 연식을 나타내며, 앞의 두 자리는 몇 주차인지를 알려주는 것이다. 예를 들어 '0814' 라고 하면 뒷자리 두 개인 '14'는 2014년을 나타내며 앞자리 두 개인 '08'은 2014년의 8번째 주에 생산되었다는 뜻으로, 즉 2월이라고 이해하면 된다.
이러한 표시는 타이어 한쪽 면에만 있으므로 혹시 바깥쪽에서 봤는데 없다면 안쪽에 표시되어 있을 것이다. 오늘이라도 내 차의 타이어 연식을 한번 확인해보자.

Q3) 타이어는 고무로 되어 있기 때문에 조금씩 마모되는 것으로 알고 있다. 그렇다면 운전자가 타이어 교체 시기를 쉽게 알 수 있는 방법은 무엇일까?

앞서 잠깐 언급했던 '타이어 마모 한계선'이라는 것이 있다. 쉽게 이야기하자면 타이어 중간에 홈처럼 생긴 곳을 '트레이드'라고 하는데 이곳을 자세히 보면 중간, 중간에 약간 튀어나와 있는 부분이 바로 '타이어 마모 한계선'이며 타이어 바닥면과 마모 한계선의 경계 구분이 없어지거나 홈의 깊이가 1.6mm 정도 남으면 타이어 교체 시기로 판단한다.
주행거리로 보면 평균적으로 약 50,000km 전후라고 보면 큰 무리가 없을 듯하다.

Q4) 타이어가 마모되서 교체하는 경우도 있지만, 운행 중에 나사, 못 등에 의해 타이어에 손상이 생기면 어떻게 해야 하나?

타이어는 노면과 직접 접촉하는 부품이기 때문에 길에 떨어진 못이나 기타 날카로운 물건에 의해 손상을 입을 수 있다. 타이어의 바닥 면이 터진 경우라면 정비소에서 '로우프 본드'라고 하는 일명 '지렁이'라고 부르는 정비용품을 이용해 응급조치를 취하고 임시 운행은 할 수 있다.
하지만 이러한 방법은 일시적인 조치이므로 운전자의 안전을 위해서는 이른 시일 내에 새 타이어로 교체하는 것이 바람직하다.
그리고 만약 바닥면이 아닌 옆면이 손상되어 펑크가 났거나 일부 파손이 된 경우에는 안전을 위해 바로 교체하는 것이 좋다.

레이싱카 주행 중 휠 너트 풀림 현상

주행 중에 휠 너트가 풀리는 경우는 없을까?

일반차도 주행을 하다 보면 휠의 너트가 풀리는 경우가 발생한다. 그렇기 때문에 주기적으로 조임을 확인함으로써 사고로 이어지는 것을 방지할 수 있다.

레이스 차량의 경우는 여러 부분을 고려해 설계된다. 예를 들어 포뮬러 차량의 무게는 일반 차량에 비해 상대적으로 가볍기 때문에 가속했을 경우 휠 너트가 조여지도록 설계되어 있다.

다시 말하면 오늘 쪽의 너트는 시계 반대방향(역방향)으로 조여지게 되어 있고, 왼쪽은 시계방향(정방향)으로 조여지게 되어 있다. 즉, 급가속으로 인해 뒤로 전해지는 힘을 이용한 것이다.

GT카 같은 경우는 차량이 포뮬러에 비해 무겁기 때문에 가속력의 힘으로 조이는 것보다 브레이킹 시 차량의 무게이동을 이용해서 조이기 때문에 포뮬러와 역방향으로 조여진다. 오른쪽의 너트가 시계방향(정방향), 왼쪽이 시계 반대방향(역방향). 또, 너트가 풀리기 시작하면 전부 풀리는데 이것을 방지하기 위해서 허브에 안전핀이 장착되어 있어 너트가 조금 풀리면 안전핀으로 인해 밖으로 너트가 빠져나가는 것을 막아 사고를 방지하는 역할을 한다.

VII

케미컬 튜닝

사람들도 몸이 허약해지면 보약을 먹고, 평소 몸을 보완해 힘이 들 때를 대비하는 것처럼 차량에도 평소에 케미컬 제품을 사용함으로써 차량의 성능을 향상시킬 수 있다. 여기서는 대표적인 케미컬 튜닝 몇 가지만 소개하고자 한다.

36 엔진오일을 고급오일로 교체하기

엔진오일은 엔진의 냉각성과 윤활성을 높이는 수단으로, 냉각수와 다른 통로로 엔진을 냉각시키는 엔진 안의 실린더와 피스톤 사이로 오일을 보내 피스톤 저항을 줄여 수월한 움직임을 돕는 역할을 한다.

엔진튜닝을 하고 고속주행(고속회전) 시간이 늘어나면 엔진 자체에 온도가 상승하는데 오일의 성능은 130도 이상일 경우 오일이 가지고 있는 성질(성능)이 급격히 떨어져 엔진이 파손될 수 있다.

저급오일과 고급오일의 큰 차이점으로는 온도변화에도 큰 영향을 미친다. 예를 들어, 저품질 오일의 경우 엔진의 공회전 시간에 온도상승이 고급오일에 비해 많이 늦어지고, 일정 온도 상승 후에도 오일의 온도변화가 불안정한 경우가 많이 발생한다. 또한, 냉각성에 대해서도 온도변화가 불안정하기 때문에 냉각성능이 고급오일보다 떨어지기 때문에 고속주행(고회전)이 길어질수록 냉각성이 떨어져 계속해서 온도가 상승하고 엔진을 냉각시키기 위해 서행(냉각)을 하는 경우에도 고급오일보다 오일온도가 내려가는 속도가 느리기도 하다.

또한, 저급 엔진오일은 엔진 안에 오일이 순환되어 엔진 오일팬에 돌아오게 되는데 이때 거품이 생겨 오일 안에 공기층이 생긴다. 이 공기층으로 인해 전달되는 오일압력이 불안정해지고 오일을 보내는 오일 펌프 자체에도 부담을 주어 엔진 이외의 부품의 수명이 짧아지는 경우도 있다.

이러한 상황들은 튜닝차량에 오일압력계, 오일온도계가 필요한 이유이기도 하다.

엔진오일을 제작하는 글로벌 브랜드로는 MOTUL, WAKO'S, TAIHO KOHZAI 등이 있다.

37 오일첨가제 및 연료첨가제 사용하기

오일첨가제의 주요 역할은 크게 2가지이다.

첫째는 엔진오일의 마모성과 밀폐성을 높여 엔진의 피스톤 마찰력(Friction)을 줄여 원활한 엔진 회전을 도와주는 역할을 하는 첨가제가 있다. 단, 첨가제를 주입 후 운전 중에 체험할 수 있지만, 엔진오일을 교환하면 첨가제의 성분이 떨어져 매번 교환 시 주입해야 하는 경우가 발생한다.

두 번째로 금속 재질에 코팅하는 첨가제로서 피스톤, 실린더 내의 코팅으로 인해 마모성을 줄이는 첨가제로 첫 번째의 첨가제와 달리 한번 주입으로 몇만 킬로도 유지되도록 코팅되는 첨가제이다. 단, 첨가제를 사용했어도 체험으로는 느끼기 어렵고 첨가제를 사용해 바로 코팅이 되기보다는 주행하면서 천천히 코팅되는 첨가제이기도 하다. 장기적인 것을 생각했을 경우 이러한 첨가제를 사용하는 소비자들이 많이 늘고 있다.

일반적인 생각으로 고급오일을 사용하는데 첨가제가 왜 필요할까? 하는 의문이 생기기도 한다. 예를 들어 사람들이 일상생활을 하면서 샤워 시 머리를 샴푸로 감고 그 다음으로 머리의 윤활성과 광택을 위해 린스를 사용하는 경우가 많다. 이와 같은 개념으로 사용하는 것이 첨가제이다.

물론 린스 겸용 샴푸도 있지만, 그것과 달리 하나하나의 성능(성질)을 중시하게 되면 필수적으로 분리되는 부분이기도 하다.

연료첨가제에는 엔진 연소실의 폭발 능력을 높여주는 성분과 인젝터를 세척해줌으로써 인젝터 노즐이 막히는 것을 방지하는 성분이 있으며 연소실의 세척을 도와주는 역할을 한다. 첨가제의 사용으로 인해 엔진소음이 줄어드는 경향도 있다.

오일 첨가제를 제작하는 글로벌 브랜드로는 WAKO'S, Microlon, idemitsu 등이 있으며 연료 첨가제를
제작하는 글로벌브랜드로는 WAKO'S, STP 등이 있다.

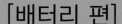
Q1) 보통 운전자라면 비 오는 날 차량 배터리 방전으로 인해 곤란했던 적이 한 두 번은 있을 것이다. 갑자기 배터리가 방전되어 시동이 걸리지 않을 경우에 어떻게 해야 하나?

요즘은 차량에 시동이 걸리지 않으면 보험회사로 전화를 걸어 긴급출동 서비스를 받기도 한다.
간단하게 주변의 차량과 충전 케이블을 연결하여 시동을 거는 방법도 있다.
충천케이블을 사용하는 방법은 다음과 같다.
방전된 차의 배터리(+) 단자부터 충전 케이블을 연결하고 다른 한쪽은 구난차의 배터리(+)에 연결한 다음 또 다른 케이블을 사용하여 구난차의 배터리(−) 단자에 연결하고 마지막으로 방전된 차의 차량 엔진 몸체에 연결하고 시동을 걸면 된다. 케이블을 제거할 때는 연결순서의 역순으로 제거한다.
추가로 배터리의 (+)단자를 구분하는 방법은 보통은 배터리에 글자로 써 있거나, 빨간색 케이스로 씌워져 있는 것이 (+)이며, 어떤 표시도 없을 경우에는 잘 보면 한 쪽 단자가 약간 큰 것이 있는데 그것이 바로 (+)단자라고 보면 된다.

Q2) 배터리가 방전되는 이유가 무엇인가?

배터리 방전은 대부분 실내등, 열선, 헤드라이트를 켠 상태로 오랜 시간 내버려두기 때문에 발생한다. 특히 요즘은 블랙박스로 인한 방전도 종종 발생한다.
그러나 배터리 방전 현상이 자주 일어난다면 배터리를 충천시켜 주는 발전기가 고장났거나 배터리 수명이 다 되어서일 수도 있으니 가까운 정비소를 방문하여 진단을 받아 보는 것이 좋다.
보통 배터리의 교체주기는 약 3년이며, 상태 표시창을 점검하여 교체시기를 결정하면 된다.

Q3) 배터리 상태 표시창을 보고 교체시기를 결정하는 것 외에 평소에 배터리의 상태를 확인할 수 있는 방법이 있나?

우선 보닛을 열고 배터리의 위치를 확인하고 배터리 윗면에 배터리의 수명을 알 수 있는 투명 창을 확인한다. 표시창이 녹색이면 정상, 검은색이면 충전 필요, 흰색인 경우 배터리를 교체해야 한다. 물론 일부 배터리는 표시창이 없는 MF(Maintenance Free) 배터리가 사용되는 경우도 있긴 하다.
자동차의 배터리는 대부분 앞쪽 엔진룸에 있지만, 국내 대형차나 수입차 중 일부의 경우 배터리가 뒷좌석 아래, 또는 트렁크에 있는 모델도 있다. 물론 배터리가 뒷좌석이나 트렁크에 있는 차량은 엔진 룸에 별도로 충전용 단자가 설치된 경우도 있으니 자신의 차는 배터리와 충전용 단자가 어디에 있는지 미리미리 확인해 두는 것이 좋다.

Q4) 배터리의 충전 또는 교체를 위해 배터리 배선을 단자에서 떼었다가 다시 연결하면 시계, 라디오 채널 등이 리셋되어 다시 맞춰 주어야 하는데, 이밖에 또 세팅해 주어야 할 것들은 어떤 것이 있나?

재세팅 항목은 차량의 종류에 따라 다르지만 보통 라디오, 시계 외에 파워윈도우, 선루프, 운전석 위치 기억장치, 트립컴퓨터, 히터 및 에어컨, 자동개폐 트렁크, 블루투스 등 9가지 정도 있다.
전원공급이 끊어지면 차량에 메모리를 남기지 않기 때문에 설정이 지워져 버린다. 그러므로 배터리 단자를 분리했거나 방전 등으로 전원이 차단되었을 경우에는 차량의 종류와 상관없이 초기화 작업을 진행해야 하며 세팅 방법은 차량 구입시 제공받은 '차량관리 매뉴얼'을 참고하면 된다.

레이싱카 피트작업 시 타이어 교체

레이스 중 피트작업을 보면 타이어를 바꾸는 데 어떤 식으로 차를 올리나?
포뮬러의 경우에는 프런트윙(앞날개) 하단 부분에 팀에서 제작한 잭을 걸어서 올리게 된다. 뒤 또한, 포뮬러의 경우 충격보호장치(스트랙쳐)가 있는데 이 부분에 잭을 걸 수 있는 부품이 달려 있어 이것을 이용해 뒷부분을 위로 올리게 된다.
슈퍼지티, DTM 같은 경우는 차량에 에어잭이라는 부품이 달려 있다. 이 부품은 한 쪽에 공기 입구가 있어 이곳에 고압을 보내 에어잭을 작동시켜 차량을 바닥에서 띄우는 역할을 한다. 이것 또한, 고압이기 때문에 일반적으로 질소를 사용하는 경우가 많다.

포뮬러 등의 레이스 동영상을 보면 드라이버가 고속주행 중에 브레이크를 가볍게 몇 번 반복하는 영상을 볼 수 있는데 이것은 무엇을 하는 것인가?

드라이버가 가볍게 몇 번 반복해서 브레이크를 밟는 이유는 고속 코너링 중에 차량이 밖으로 밀려가는 힘이 발생하게 되는데 이것을 컨트롤하기 위한 수단으로 가볍게 브레이킹해서 순간적으로 이동하중을 이용하여 코너링하는 방법이다. 드라이버들은 최대한으로 빠르게 코너링하려고 하기 때문에 차량의 한계점, 드라이버의 한계점에 도달했을 때 사용하는 테크닉이다.

동력전달장치 튜닝

국내에서 일반적으로 자주 하는 튜닝은 아니지만 동력전달장치의 튜닝을 몇가

지만 살펴보자. 특히 동력전달장치 튜닝은 자가튜닝보다는 전문가를 통한 튜

닝을 권장한다

38. 강화클러치(Clutch)
39. 플라이 휠(Fly Wheel)
40. 차동제한장치(LSD, Limited Slip Differential)

38 강화 클러치(Clutch)로 교체하기

클러치란 엔진과 수동변속기의 사이에 들어 있는 중간 장치로 엔진의 회전력을 미션에 전달하고 분리하는 역할을 한다.

클러치의 구조를 보면 클러치 디스크(클러치 프레트)와 다이어프램 스프링, 클러치 레버의 기본적인 구조로 되어 있다.

이 클러치는 플라이휠과 같은 회전을 하기도 한다. 운전석에서 클러치 페달을 밟으면 클러치 레버가 움직여 다이어프램 스프링을 누르고 클러치 디스크를 분리해 엔진의 회전력을 분리하고, 역으로 운전석에서 클러치 페달을 떼었을 경우는 엔진의 회전력을 미션에 전달하는 구조로 되어 있다. 그렇기 때문에 엔진의 파워가 높을 경우 클러치 디스크의 마찰력도 높아지기 때문에 순간적으로 연결하는 부분에서 클러치 디스크가 미끄러지는 현상을 일으켜 엔진의 파워가 구동측으로 완전하게 전달되지 않는 현상이 일어나므로 이 점을 보강하기 위해서는 강화 클러치로 교체한다.

강화 클러치란 클러치 디스크의 재질과 열에 대한 부분을 강화한 디스크로, 엔진에서 미션으로 전달되는 출력의 손실을 줄일 수 있다. 또, 다이어프램 스프링도 강화하여 접착력을 증대함으로써 출력을 최대한 구동으로 연결시키기 위한 것이다.
단점으로는 일반 클러치에 비해 스프링의 강도와 클러치의 강도가 높아 운전석에서 클러치를 밟을 때 많이 무겁게 느껴지며, 또한, 일상생활에서 반클러치를 사용하는 경우가 많은데 적응되기까지는 많은 연습이 필요하기도 하다.

강화 클러치는 일반적으로 싱글 클러치 디스크와 트윈 클러치 디스크가 주류이다.
또한, 클러치를 감싸고 있는 부분에 클러치 하우징이라고 불리는 부분이 있는데 이 부분도 경량화되고 냉각 효율성이 높은 것들로 되어 있어 클러치 교환 시 함께 교환하는 것을 추천한다.

강화클러치를 제작하는 글로벌 브랜드로는 TRUST(GREDDY), OGURA, CUSCO 등이 있다.

39 플라이휠(Fly Wheel) 교체하기

플라이휠은 엔진에서의 출력을 원활하게 하기 위한 장치로, 갑작스러운 고회전 등의 속도변화를 원활하게 하는 역할을 한다. 또, 엔진의 연소 폭발 과정에서 무거운 것이 엔진 회전을 원활하게 움직이지만, 급회전을 위한 부분에서는 원활하지 못하기 때문에 경량휠 또는 섬세한 밸런스 플라이휠로 교체한다.

단 경량 휠로 교체했을 경우는 비탈길을 올라갈 경우 실속되는 경우도 있다. 하지만 경량화한 휠인 경우는 엔진 전체적인 균형이 많이 변화되기 때문에 엔진 브레이크의 효율성이 높아지고 엔진 회전의 반응속도가 높아지기 때문에 일반 스포츠카의 경우 많이 사용되고 있다. 재질은 예전에는 철로 만들어졌지만, 최근에는 크리몰리 또는 알루미늄 합금으로도 제작되고 있다.

Tip 크리몰리 : 크롬과 몰리브덴의 합금

플라이휠을 제작하는 글로벌 브랜드로는 CUSCO, OGURA, TRUST(GREDDY) 등이 있다.

40 차동제한 장치(LSD, Limited Slip Differential) 장착하기

자동차의 동력전달 과정을 보면 엔진–미션–차동기어(Differential, Final)–타이어의 순서로 노면에 동력이 전달된다.

파이널(Final)이란 최종기어를 말하는 것으로 이것을 통해 타이어에 속도를 전달하기도 하고 이것으로 전체적인 기어비를 바꾸기도 한다. 또한, 파이널과 같이 조립되어 있는 차동 장치(Differential)가 있는데 정비현장에서는 간단하게 DIFF(데프)라고 부르고 있다.

차동장치(Differential Gear)의 역할은 차량이 선회할 경우 IN 측의 타이어 회전보다 OUT 측의 타이어를 회전시켜 차량의 선회를 원활하게 하는 기능을 한다. 단 고속 코너를 선회할 경우 원활하게 선회가 안 되는 경우가 많기 때문에 이 때 L.S.D를 장착한다.
예를 들면 차량이 왼쪽으로 선회할 경우 왼쪽 타이어의 회전각이 오른쪽 타이어의 회전각보다 커지기 때문에 차량이 수월하게 선회를 할 수 있다. 이것이 차동장치의 역할이며, 좌우의 저항이 큰 쪽에서 작은 쪽으로 이동하는 원리이다. 왼쪽으로 회전 시 왼쪽 타이어의 접지저항이 커지며, 반면에 오른쪽 타이어 측이 왼쪽 타이어보다 저항이 작기 때문에 왼쪽 타이어보다 많은 회전을 하게 되는 원리이다.

이때 코너링의 속도가 높아지면 차량 자체가 원심력으로 인해 밖으로 나가려는 힘이 생기게 되어 왼쪽 타이어의 저항보다 오른쪽 타이어의 저항이 커지므로 지금까지 전달해 왔던 것들이 역으로 움직여 코너링이 수월하지 않기 때문에 언더스티어 현상이 일어나 선회가 안 되는 경우가 있다. 또한, 노면이 나쁘거나 원심력이 커져서 타이어가 노면에 점지하지 않았을 경우에는 저항이 작은 쪽으로 이동해 공회전하는 경우가 발생해 오른쪽 타이어에 힘이 전달되지 않는 현상으로 순조로운 코너링이 안 된다.
이것을 방지하기 위해 LSD를 장착하는 것이다.
일반적으로 클러치식 LSD(기계식)라고 불리는 것이 많이 사용되고 있다.

클러치식이란 차동장치 안에 여러 플래트가 존재해 일정의 토크를 분산시키는 역할을 한다. 이것은 지금까지는 저항이 작은 쪽으로 이동했는데 LSD 장착으로 인해 일정 토크를 이동하게 할 수 있게 되었다. 그래서 위의 예문의 내용으로 비교하면 왼쪽 코너를 고속으로 이동 시 원심력으로 인해 OUT 측의 일정 토크를 전달해 타이어가 돌아가게 하는 장치이다.
단점으로는 일반 차동장치와 달리 오일 교환과 정기적인 유지보수가 필요하다.

그림과 같이 L.S.D가 장착된 차량과 장착하지 않은 차량의 차이점을 알 수가 있다

고속으로 코너링을 할 경우 원심력으로 인해 차량이 밖으로 밀려나가는 힘이 발생하면서 차가 기울어진다. 기울어진 영향으로 인해 좌우 타이어의 저항력에 차이가 발생한다.

그래서 일반적으로 차량이 기울어지면 타이어 면에 저항력이 커져 저항력이 적은 부분으로 동력이 전달되게 된다. 그러기 때문에 코너링에서 운전자가 원하는 라인을 그리기 어려운 것이다. 이것을 보완하기 위해 L.S.D를 장착해 타이어 면의 적은 부분으로 동력이 전달되는 것을 좌우 균일하게 전달되도록 함으로써 운전자가 원하는 라인에 최대한 가까운 코너링을 만들 수 있는 것이다.

그림을 보면 ②, ③번 그림의 차량 뒷부분이 진행하는 라인에 비해 밖으로 나가고 있는 것을 알 수 있다. 이 차이점이 L.S.D의 장점이다. L.S.D차량은 ①→ ②→③→④ 순으로 코너링을 하며 장착하지 않은 차량은 ①→⑤→⑥→⑦로 움직인다.

※ 그림은 FR 차량을 나타낸 것이며, FF 차량의 경우는 조금 다르지만 비슷하게 움직인다.

기계식 차동장치 ▶

KSAE *Baja&Formula*

대학생
자작 자동차 페스티벌
어떻게 이루어질까?

자동차 제조회사를 통해서 양산된 자동차를 운전자의 취향에 맞게 개선해서 해당 부품을 교환하는 것이 소극적인 의미에서 튜닝이라고 한다면,
레이싱 자동차를 통하여 끊임없이 차량의 성능을 높이기 위한 활동 등은 분명히 적극적인 튜닝이라고 할 수 있을 것이다.

자동차 문화가 오래된 유럽, 미국, 일본 등에서는 레이싱을 통한 자동차의 발전이 꾸준히 이어져 왔으며 국내에서도 다행히 최근에 레이싱에 대한 국민적인 관심이 점차 늘어가고 있는 것은 다행이다. 하지만 레이싱 또한 자동차 문화의 한 축으로 몇 년 사이에 형성되는 것이 아니라 꾸준한 시간과 노력이 필요한 것이다.

이러한 레이싱 자동차 문화의 초석이 될 만한 대회가 국내에서 시행되고 있는 것은 너무나도 다행인 듯 하며 국내 튜닝 및 레이싱 문화가 좀 더 확산하였으면 하는 바람으로 본 대회를 소개하고자 한다.

1. 열정의 화신, 자작 자동차 경기에 앞서

대한민국의 자동차문화,
특히 차량 레이싱에 대한 분야를 좀 더 폭넓고 깊이 있게 만들기 위한
한국자동차공학회에서 주최하는 「대학생 자작 자동차대회」는
국내에서 개최되는 자작 자동차 경주대회 중 가장 규모도 크고
많은 이들의 사랑을 받고 있는 행사이다.

◀개막식

▼개막식경기를 위한 차량 준비 과정

(1) 자작 자동차 대회가 대한민국 자동차 문화의 초석

대학생 자작 자동차 대회가 2007년에 시작하여 올해까지 진행하다 보니 매년 참여지의 수가 점차 늘어나고 이러한 대회를 잘 진행되기 위해 운영위원이나 심사위원들의 책임감과 역할도 커지고 있다. 물론 운영위원이나 심사위원들은 대부분 자동차 관련 학과나 업계에서 재능기부 형태로 운영되고 있다. 크게 보면 대한민국의 자동차 분야의 선배들로서 젊은 후배들의 열정과 패기를 돌출할 수 있도록 축제의 장을 만들어 주는 것만으로도 보람과 가치를 느끼고 있으며 미래의 한국 자동차문화의 초석이 되겠다는 자부심으로 활동하고 있다.

2014년의 경우 약 100여 팀이 자동차를 조립하고, 한 팀당 약 10~20여 명의 대학생이 한자리에 모인다. 거의 1,500여 명의 대한민국의 자동차 문화의 주역들이 밤새도록 대회 전날 밤에 머리를 맞대고 토론하고 실제 자동차를 조립하고 정비하는 과정들은 그야말로 열정과 젊은 패기의 향연이어서 실로 가슴 벅찬 일이다.

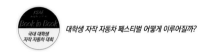

(2) 차량 운전자를 위한 안전 교육

보통은 공식적인 대회 전날에 시합 차량의 운전자 및 대회 관련자들에게 진행되며 그 주된 내용은 모든 경기에 대한 설명 및 안전에 대한 교육에 관한 것이다.

모든 참가자는 한자리에 모여 행사일정에 대한 내용뿐만 아니라 현장 배열 등 경기장 및 부대시설을 이용하는 방법, 드라이버의 기본 준수사항, 실격 및 벌점내용, 대회 신호기 규정 등에 대하여 기본적인 설명을 하고 궁금한 사항들을 질의 및 응답하는 시간이다.

이러한 교육은 사전 안전교육뿐만 아니라 경기에 앞서 수시로 드라이버 브리핑을 통하여 조직위원회에서 전달하고자 하는 내용을 경기 차량 운전자 및 관련자들과 공유하는 시간을 가진다.

(3) 안전한 경기를 위한 차량검사

차량을 만들기 위해서는 기본적으로 설계도가 필요하고 실제로 자동차가 움직이기까지 많은 관계자의 노력이 들어가는 것이 사실이다.

물론 대회에서 설계도를 학생들에게 제공해주지는 않지만, 기본적으로 자동차를 제작하기 위한 규정 등을 정할 필요가 있으며 이러한 규정들은 「한국자동차공학회」에서 제공하고 매년 개정을 통하여 좀 더 향상되고 안전한 차량을 만들 수 있도록 하고 있다.

여기서 가능 중요한 사실은 차량의 성능뿐만 아니라 운전자의 안전을 위한 자동차의 설계가 이루어져야 하는 것으로 대회가 시작되기 전에 대회에 참가하는 모든 차들은 기본적인 규정을 통과하여야 하는데 이러한 절차를 차량 검사라는 절차로 진행되는 것이다.

▲차량검사 대기

다시 말하자면 대회에 참가하고자 한 대학생들은 차량을 제작할 때 조직위원회에서 배포한 '차량기술규정'에 따라 제작하여야 하며 대회에 참가하기 전에 참가자 스스로 안전검사를 확인할 수 있는 'Technical Inspection Sheet(참가자용)'의 약 100여 가지를 활용하여 체크를 할 수 있도록 하며 실제 차량검사에서는 심사위원들이 100여 가지 중에 약 50여 가지를 현장에서 실측 및 측정을 통하여 차량의 안전 여부를 확인하는 것이다.

예를 들어 차량 연료에 문제가 생겼을 때 연료로 인한 화재 등이 인화되지 않도록 하는 장치나 운전자가 화상을 입지 않도록 연료통과 운전자 사이에 방화벽을 두고 화염을 차단하는 것이나 위험에 처했을 때 10초 안에 탈출할 수 있는지의 탈출시간 측정 등의 규정들이 있는 것이다.

1차 차량검사에서 미비한 항목에 대해서는 차량별로 해당 항목 보완을 통하여 재검사를 받고 모든 차량이 안전한 주행을 할 수 있도록 한다.

▼규격측정

대회 첫날의 가장 첫 번째 관문인 차량검사를 통하여 규정에 맞는지에 대한 확인을 통하여 모든 참가한 차량은 점수가 매겨지고 대회의 종합순위에 더해져 상호 선의의 경쟁이 시작되는 것이다.

▼차량 재검사 받는 차량

▲ 제동검사

(4) 제동 검사

자동차의 기본적인 검사를 마친 차들은 실전 경기에 앞서 안전과 가장 밀접한 관계를 가지고 있는 제동검사를 하게 되어 있다.

제동검사에서는 규정 속도, 모든 바퀴 제동, 제동 직후에 차량의 회전 각도가 45도 이내이어야 할 것, 재출발 가능 여부, 일정 거리 내 정차 여부 등을 점검한다.

제동검사를 통과하게 되면 안전을 위한 차량검사를 통과 시 받은 첫 번째 스티커(윗부분)에 이어 두 번째 스티커(아랫부분)를 경기차량에 부착함으로써 본 대회에 충천하게 되는 자격이 주어지는 것이다. 물론 제동검사는 차량검사에 합격한 차량에 한하여 테스트가 진행되며 제동시험에 합격하지 못한 차량은 본 대회에 참가할 수 있는 자격이 박탈되는 것이다

▼차량 스티커 또는 스티커 붙은 차량

2. 질주의 본능,
레이싱 본선의 이모저모

해가 거듭될수록 대학생 자작 자동차 대회에
참여하는 학생들의 인원과 경기가 좀 더 세분됨에 따라
초기의 오프로드 중심의 바흐(Baja)경기에서
이제는 포뮬러 경기 및 전기자동차경기 등으로 늘어나긴 했지만
여기서는 주로 오프로드 경기를 중심으로 대회를 소개하고자 한다.

●Tip

바흐(Baja) 경기의 유래

미국 캘리포니아와 인접해 있는 멕시코 Baja California라는 지역에서 자전거와 사륜구동차들이 모여서 오프로드(Off-Road) 경주를 시작한 것에서 유래, 이후 미국 자동차공학회(SAE)가 바흐(Baja)라는 이름으로 대회를 주최하면서 대학생 자작 자동차대회로 발전

▲ 연비대회 대기

(1) 연비 대회

차량 레이싱 대회는 주로 차량의 성능을 중심으로 발전되어져 온 것이 사실이다. 하지만 성능 못지 않게 중요한 것이 바로 연료를 절감할 수 있게 만드는 차량 설계의 메커니즘을 만드는 것이다. 물론 가벼운 차량이 연비에는 유리할 수 있지만 본 대회의 규정상 차량의 최소무게(230kg)를 정해놓고 있기 때문에 차량 중량은 기준에 맞추고 나머지 자동차 설계 및 드라이버의 운전요령에 따라 연비를 늘리는 경기를 하는 것이다.

경기에 참여하고자 하는 모든 차량은 시동이 걸리지 않은 연료 상태에서 일정량(100cc, 대회에 따라 바뀔 수 있음)을 주입하여 경기장을 주행했을 때 가장 장거리를 이동한 차량이 우승하게 되는 경기이다.

경기중에 모든 드라이버 및 참가 관계자들은 한 방울의 연료라도 흘리지 않고 연료통에 주입하려는 노력을 통하여 다시 한 번 연료의 소중함을 일깨워주는 기회이기도 하다.

▼ 연료 주입중인 운전자

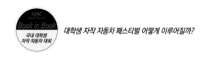
(2) 오토크로스(Auto cross) 경기

오토크로스 경기는 본 경기에 앞서 시행되는 일종의 「몸풀기 경기」라고 보면 된다.
오토크로스에 참가하는 모든 차량은 경기장을 한 바퀴 주행하는 동안 구간기록(Lap time)을 측정하여 순위를 매기고 점수가 부여되는 것이다.

물론 경기중에는 차 한 대씩 측정하는 것이 아니라 여러 대가 차례로 출발하고 또한, 차례로 한 바퀴를 돌고 목적지에 도착하는 것을 계속 측정하는 것이다.

▼▲ 오토크로스 주행 및 드라이버 교육

Tip

오토매틱 크로스(Auto cross)

거친 노면을 달리는 자동차 경기의 하나로서 2명 이상의 선수가 참여해 가장 적은 시간에 완주한 선수에게 승리하는 경기

▼▲ 기록실 및 출발선

이때 경기에 참여하는 모든 차량은 트랜스폰더(Transponder)라는 장치를 차량에 부착하여 출발점에 매설된 전자센서와 통신을 함으로써 각 차량의 정확한 구간기록이 측정할 수 있도록 한다. 보통 참가자는 트랜스폰더를 차량에 탑재할 수 있도록 폴더만 준비하고 대회를 개최하는 조직위원회에서 트랜스폰더를 참가자에게 제공하고 있다.

▼ 계측 데스크

▼ 트랜스 폰더

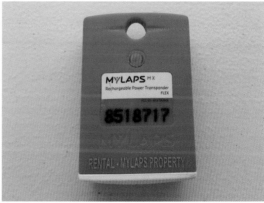

Tip

트랜스폰더(Transponder)

통신위성에 탑재되어 있는 중계기로서, 송신기(Transmitter)와 수신기(Respondr)의 합성어

▲ 가이드 차량

(3) 내구 1경기(예선경기)

경기에 참가한 모든 차량은 조별로 30~40여 대씩 안내자 차량(Safety Car)을 선두에 두고 정해진 바퀴 수(20바퀴, 경기마다 변동 가능함)를 완주하도록 하는 경기이다. 보통 안내자 차량은 다른 구난 차량과의 구분을 위해서 황색기를 부착하여 운행하기도 한다.

단순히 차량을 완주하는 것은 차량을 운전하는 운전자나 경기를 지켜보는 관람객에게 어떠한 재미도 주지를 못하므로 몇 가지 재미있는 규정을 정해 놓았다.

첫째로 안내자 차량은 한 바퀴를 주행하는 시간을 일정하게 정해 놓고(1분 30초, 경기에 따라 달라질 수 있음) 경기차량이 안내자 차량을 추월하지 못하도록 규정해 놓는다. 만약 경기 차량이 안내자 차량을 추월할 경우 탈락하게 하여 놓았으며, 안내 차량이 일정한 시간에 정해진 회전수를 도는 동안 후미에 쳐진 차량을 추월할 경우 추월을 당한 차량은 바로 탈락하게 되고 그동안 주행한 랩 수만을 점수로 주어지게 된다. 보통 한 경기당 30분 정도 주행을 한다.

▼ 내구1경기 대기 및 출발

▲ 오프로드 경주

둘째로 가이드 차량을 제외한 나머지 경기 차량 간에는 추월할 수 있다. 정해진 회전을 하는 동안 각 완주한 차량의 상대적인 순위에는 아무런 점수 차가 없지만 실제로 경기를 하다 보면 많은 운전자는 서로 간의 심리적인 경쟁으로 인하여 선두를 차지하고자 하는 경우가 발생한다.

많은 차량이 경기장을 동시에 주행함에 따라 전체적인 경기를 통제하고 운영을 하기 위한 통제실은 보통 경기장이 한눈에 관망할 수 있는 곳에 있으며, 주행 중 안전과 원활한 운행을 위해서 진행한다.

또한, 경기의 정보와 흥미를 위해 방송도 이곳 통제실에서 이루어 YDlYheadb-kscpc-euc-h진다.

▲ 경기 통제실

▼ 경기후 빠져나오는 차량

▲ 차량정비

무엇보다도 내구 1경기는 전략적으로 점수를 획득하는 냉정한 드라이버의 침착함이 필요한 경기이다. 왜냐하면, 너무 경쟁적으로 운전하다 보면 차량에 문제를 일으키거나 다른 차량 및 장애물과의 추돌로 인하여 완주를 못 하게 되는 경우가 발생하기 때문이다.
실제로 경기를 해보면 여러 가지 이유로 완주율은 30~40% 정도이다.

매 경기가 끝나면 다음 경기를 위해서 차량은 전체적으로 다시 점검하여 다음 경기를 위해서 부품도 교체하고 정비도 진행하여 차량의 주행을 위해 준비하는 과정이 필요하다.

▼ 차량정비

▲ 내구2경기 대기선에서 준비중인 차량

(4) 내구 2경기(본경기)

대학생 자작 자동차 경기의 하이라이트 경기라고 할 수 있는 내구 2경기는 그야말로 학생들이 1년 동안 열정과 시간을 투여하여 열심히 만든 자동차의 최대성능이 발휘할 수 있는지를 확인하는 하나의 과정이라고 생각하면 된다.

1Km 남짓한 오프로드 경기장에 약 50여 대의 차량이 선두 차량을 따라서 차례로 운행이 시작되며 보통 40바퀴 내지는 50바퀴를 계속 운행하여 완주 및 구간기록을 경쟁하는 것이다.

많은 차가 한꺼번에 경기를 진행함에 따라 운전자들은 경기에 대한 이해와 요령을 알려주기 위해 경기 전에 차량을 정렬시킨 후에 다시 한 번 드라이버 교육을 통하여 안전사고 예방을 위한 교육을 받고 경기가 시작된다.

▼ 경기전 드라이버 교육

▲ 경기중 차량탈출 및 견인

운행시간은 약 1시간 남짓하게 진행이 되며 경기차량 간에는 추월할 수 있으며 중간에 차량
이 정지하거나 사고가 날 경우에는 해당 차량의 운전자는 탈출하여 안전한 곳으로 이동하여야
하며 그 당시까지의 주행 랩을 점수로 계산하게 된다. 물론 정지된 차량은 긴급구조를 통하여
안전한 곳으로 이동시켜 경기의 흐름에 방해되지 않도록 한다.

또한, 내구 2경기에서는 40바퀴인 경우에 운전자는 40바퀴를 완주한 후에는 피트인(Fit In) 장
소로 이동하여야 하며, 만약 초과하여 경기한 경우에는 초과 회전수에 따른 감점이 발생하게
된다. 그러므로 이 경기가 진행할 때는 해당 차량의 동료가 경기장 외곽에서 해당팀의 운전자
에게 몇 바퀴가 남았는지의 정보를 알려줄 수 있도록 보드판을 활용할 수 있게 해준다.

추가로 내구 2경기는 운전자들에게 좀 더 흥미를 유발하기 위해 11바퀴 이후 마지막 바퀴까지
중에 가장 빠른 구간기록을 주행을 완료한 차량에 한하여 비교하여 추가점수를 부여함으로써
서로가 좀 더 빠른 기록을 위해서 경쟁할 수 있도록 유도한다.

▼ 주행중 안내 보드판

보통 본경기인 내구 2경기는 완주율이 20% 수준으로 50여 대의 차량이 경기하는 경우에 보통 10대 정도가 완주하게 되므로 무리하게 속도를 내는 것보다 적당한 속도를 유지하며 다른 차량과의 충돌을 최대한 피하고 완주하는 것이 필요하다.

모든 경기가 끝나면 마지막 날에 대회의 모든 결과를 종합하여 시상한다. 하지만 젊은 시절 자동차에 대한 열정을 갖고 참가하는 모든 참가자는 저마다의 열정을 쏟아내어 차량제작을 준비하고 만들고 경기에 참가한 소중한 경험을 갖고 미래를 살아 가기 때문에 모든 참가자가 우승자이다.

3. Baja 경기 진행 규정

자동차 경주를 관람하면서 즐기기 위해서는 경기의 기본적인 규칙을 알고
보면 그 즐거움은 배가될 것이다. 물론 경기에 참여하는 모든 드라이버 와
관련자들도 전체적인 대회의 경기방식을 잘 이해할 필요가 있다. 여기서는
국내 Baja 경기의 경기진행규정을 살펴보고 좀 더 자세한 관련 규정은 한국
자동차 공학회에서 인터넷 사이트를 통하여 열람할 수 있다.

제 1 장 목적 및 일반사항

제1조 (목적) 본 규정은 대학생 자작자동차대회 대회운영규정(이하"대회운영규정"이라 한다)
　　　　제 9조 8항에 따라 진행되는 Baja 부문 경기진행에 관한 사항을 규정함을 목적으로 한다.

제2조 (일반사항) Baja 경기진행의 일반적인 사항들은 대회운영규정에 따른다.

제 2 장 차량검사 진행

제3조 (차량검사)

① 차량검사의 목적은 차량이 규정의 설계와 안전 요구사항, 취지에 맞게 제작되었는지를 확인
하기 위함이다.

② 조직위원회에 의해 특별조치가 인정되지 않는 한, 지정된 시각까지 차량검사를 통과하지 못
한 차량은 경기에 출전할 수 없다.

③ 조직위원회는 안전에 문제가 있는 차량의 출전을 금지할 수 있다.

④ 차량검사 대상팀은 차량검사의 모든 준비를 완료한 후 지정된 검차장소에 차량을 준비시킨다.

⑤ 차량검사 진행

1. 경기에 참여하기 위한 허가를 받거나 트랙에서 주행하기 전에, 각 차량은 차량검사의 모든
부분을 통과해야 한다. 정확한 검사와 시험을 위해 장비가 사용될 수 있으며, 차량검사의 진
행에 관한 권한은 조직위원회가 가진다.

2. 조직위원회는 조사 양식에 포함된 모든 항목에 따라 차량의 안전과 기능에 관한 조사를
진행하며, 조직위원회가 규정 적합 여부 검사를 추가로 원하는 경우 다른 항목을 포함하여
조사를 수행할 수 있다.

3. 차량검사를 통과한 차량은 경기기간 동안 "검차 통과" 상태를 유지하여야 하며, 임의로 수
정되어서는 안 된다.

⑥ 차량 수정과 재검

차량의 특정 부분이 규정에 어긋나거나 안전하지 않다고 지적된 사항에 대해서 참가팀은 해
당 사항을 수정하고 차량 재검사를 받아야 한다.

1. 조직위원회는 대회기간 중 언제든지 임의의 차량을 재조사할 수 있고, 부적합한 사항에 대
하여 수정을 요구할 수 있다.

2. 검차 제한시간을 초과하여 검차를 통과하지 못한 차량은 실격 처리되고 모든 경기 참가가
제한된다.

⑦ 차량검사의 완료

안전검사, 제동 및 소음검사에 등 두 가지 검사에 대해 각 검사 별로 통과 스티커가 제공되
며, 위의 과정을 모두 통과하여 2개의 스티커를 받은 후에 엔진 시동, 연습 주행 및 경기의
참가가 허가된다.

제4조 (안전검사)

① 각 차량이 규정의 요구사항을 따르는지를 결정하기 위하여 검사가 진행된다. 검사는 드라
이버의 안전장비의 시험과 드라이버 탈출 시간 시험을 포함한다. 안전검사를 통과한 후에 제동

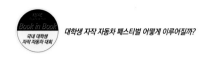

검사 및 소음검사가 진행된다.

② 참가팀은 안전검사 시 보호장비, 퀵 잭(Quick Jack), 소화기 등을 지참해야 한다.

제 2 장 차량검사 진행

제5조 (제동 및 소음검사)

① 제동검사는 각 차량이 일정 속도 이상으로 주행하는 중에 제동하여 모든 바퀴가 제동되는지를 검사한다.

1. 각 차량은 2번의 제동검사 기회가 주어진다.

2. 2번 모두 제동검사에 실패할 경우 추가 기회가 주어지며 매 시도마다 10점을 감점한다.

3. 감점이 50점이 되면 최종 실패로 판정하고 실격 처리되며 모든 경기에 참여할 수 없게 된다.

4. 제동검사에서는 다음과 같은 항목을 점검한다.

　　– 규정 속도

　　– 모든 바퀴 제동

　　– 제동 직후 차량 회전각도 상태 (45° 이내이어야 할 것)

　　– 재출발 가능 여부

　　– 일정 거리 내 정차 여부

② 소음검사는 소음측정기로 측정하여 검사한다.

제 3 장 경기진행 및 평가

제6조 (가속 경기)

① 가속 주행 구간을 설정하여 차량의 주행 시간을 측정한다.

② 주행을 완료할 경우 최고점수는 75점, 최저점수는 10점이 된다.

③ DNF(Did Not Finish)나 DNS(Did Not Start)은 0점 처리된다.

④ 연습주행 없이 1회 주행으로 기록을 측정한다. 단, 조직위원회에서 상황에 따라 진행 횟수를 조정할 수 있다.

⑤ 개조차량은 일반차량의 최고기록의 20%를 가산하여 기록한다.

⑥ 완주 차량의 배점은 순위 백분위로 결정하며 다음의 식과 같다.

$$\frac{(완주차량대수-순위)}{(완주차량대수-1)} \times (최고점수-최저점수) + 최저점수$$

⑦ 획득 점수는 소수점 넷째 자리에서 반올림하여 셋째 자리까지 표기한다.

⑧ 가속 경기는 제동검사 또는 오토크로스 경기와 동시에 진행할 수 있다.

제7조 (오토크로스 경기)

① 경기장 트랙 1랩을 주행하여 랩타임을 측정한다.

② 주행을 완료할 경우 최고점수는 125점, 최저점수는 25점이 된다.

③ DNF나 DNS는 0점 처리된다.

④ 단 1회의 주행 기회만 주어진다.

⑤ 개조차량은 일반차량의 최고기록의 20%를 가산하여 기록한다.

⑥ 완주 차량의 배점은 순위 백분위로 결정하며 다음의 식과 같다.

$$\frac{(완주차량대수-순위)}{(완주차량대수-1)} \times (최고점수-최저점수)+최저점수$$

⑦ 획득 점수는 소수점 넷째 자리에서 반올림하여 셋째 자리까지 표기한다

제8조 (내구1 경기)

① 경기장 트랙을 선도 차량(Pace Car)을 따라 지정된 랩 수만큼 주행한다.

② 주행 중에는 추월을 할 수 없다. 단, 선도 차량이 추월하는 차량 또는 정상대열의 간격과 속도를 유지하지 못하는 차량은 추월할 수 있다.

③ 주행 중 문제가 발생된 차량이 선도 차량에게 추월될 경우 그 자리에서 탈락한 것으로 한다.

④ 추월되기 전까지 주행한 랩 수만큼 점수를 확보한다.

⑤ 추월당한 경우 드라이버는 바로 차량에서 탈출하여 안전지대로 대피한다.

⑥ 주행 중에 선도 차량을 추월하는 차량은 실격된다.

⑦ 출발 그리드는 경기장 대기 장소에 도착하는 순서대로 한다.

⑧ 경우에 따라서는 2열로 주행할 수도 있다.

⑨ 선도 차량을 따라 완주한 차량은 모두 동일한 점수를 받게 된다.

⑩ 주행한 랩 당 10점을 부여한다.

⑪ 선도 차량은 평균 랩타임이 2분이 되도록 주행한다.

⑫ 문제가 발생한 차량을 구난하지 않고 경기를 계속 진행할 수도 있다.

⑬ 조직위원회에서는 현장 상황에 따라 각 조당 참가 차량 수를 결정한다.

제9조 (내구2 경기)

① 경기장 트랙을 지정된 랩 수만큼 자유 주행한다.

② 주행 중에 추월이 가능하다.

③ 주행 중에 중간 급유는 불허한다.

④ 주어진 시간 내에 주행을 완료한 랩 수만큼 점수를 얻게 된다.

⑤ 주행을 완료한 차량 중, 11랩부터 랩타임을 비교하여 최고의 랩타임을 기록한 팀에게 다음과 같은 추가점수를 부여한다. 추가점수는 조별로 부여하는 것이 아니라 전체 기록을 비교한 후 통합 순위에 의해 부여한다.

⑥ 개조차량은 일반차량의 최고기록의 20%를 가산하여 기록한다.

등수	적용점수	등수	적용점수
1등	50점	4등	20점
2등	40점	5등	10점
3등	30점		

⑥ 출발 그리드는 경기장 대기 장소에 도착하는 순서대로 한다.

⑦ 실제 주행 랩 기록은 트랜스폰더로 측정한다.

⑧ 팀 별로 드라이버에게 주행 랩 수를 알려주는 Board를 게시할 수 있다.

⑨ 주행 중 차량 수리는 불허한다.

⑩ 평균 랩타임이 1분 30초가 되도록 총 주행 시간을 부여한다.

⑪ 조직위원회에서는 현장 상황에 따라 각 조당 참가 차량 수를 결정한다.

⑫ 경기 도중 위험한 상황 또는 부득이한 경우, 경기를 중단시키지 않고 세이프티카(Safety Car)가 투입될 수 있다. 이때 모든 차량은 세이프티카 후미를 앞차 추월 없이 따라야하며 세이프티카가 코스 상에서 철수하면 경기는 속개된다.

⑬ 세이프티카는 선두의 위치와 상관없이 투입되며, 철수 시에도 선두의 위치를 보장하지 않는다.

제10조 (채점 규정)

① Baja 부문의 종목별 채점은 아래의 "채점기준표"에 따른다.

② 현장 상황에 따라 지정된 랩 수를 채우지 못하는 경우, 백분율로 점수를 환산하여 부여할 수 있다.

종목	적용점수	적용방법	비 고
안전검사 / 제동	100점	감점제 운영	-
가속	75점	계산공식 참조	개조차량은 일반차량 최고 기록의 20%를 가산
오토크로스	125점	계산공식 참조	개조차량은 일반차량 최고 기록의 20%를 가산
내구1	200점	주행 랩 수 x 10점	-
내구2	500점	주행 랩 수 x 10점 + 추가점수	-
추가점수	(50점)	11랩 이후 최고 랩 타임	개조차량은 일반차량 최고 기록의 20%를 가산
합계	1,000점(1,050점)	-	-

③ 종합성적이 같을 경우 다음과 같은 기준으로 순위를 최종 결정한다.

  1. 차량검사, 제동 및 소음검사 점수
  2. 내구2 경기 점수
  3. 내구1 경기 점수
  4. 오토크로스 경기 점수
  5. 가속 경기 점수
  6. 여성운전자
  7. 드라이버 체중 (체중이 무거울수록 상위권)
  8. 차량검사 완료 팀

제 4 장 경기 진행 세부사항

제11조 (차량의 상태 및 실격)

① 경기가 진행되는 동안 차량은 최고의 상태를 유지할 수 있도록 관리되어야 한다.

② 만약 차량의 상태가 정상적이지 않거나 트랙의 상태를 위태롭게 할 수 있다는 판단(예. 현가,

조향장치 등의 비정상 상태, 오일이나 냉각수 등의 유출, 차량 부품의 이탈 등)이 될 경우 조직위원회에 의해 경기 참여가 즉각 중지될 수 있다.

제12조 (출발 대기)

출전차량은 정해진 출발시간의 15분 전까지 출전 대기 장소에 도착하여야 한다. 출발시간 10분 전에 경기장 진입문은 폐쇄되며 이때까지 도착하지 못한 차량은 실격처리 된다. 제11조 (차량의 상태 및 실격)

제13조 (출발 방식)

① 내구2 경기의 출발방식은 스탠딩 스타트(Standing Start)방식과 롤링 스타트(Rolling Start)방식 중에서 경기장 사정과 당일의 조건에 따라 결정된다.

② 스탠딩 스타트 시 출발 방법 : 포메이션 랩(Formation Lap)에서 그리드로 돌아온 차량들은 각자의 그리드 위치에 엔진 시동을 켠 상태로 정렬한다. 모든 차량들이 일단 정지 한 후, 메인 포스트에서 대회기가 내려지면 경기는 시작되며 그 즉시 추월이 허용된다.

③ 롤링 스타트 시 출발방법 : 선도 차량의 선도 하에 전 차량은 추월 없이 코스를 주행한 후 그리드의 위치로 돌아오기 직전 선도 차량이 피트인 하면 속도제한은 해제되며, 메인 포스트의 깃발이 내려질 때 경기가 시작한다. 출발선을 지나기 전까지는 추월은 금지되며, 이전에서의 출발은 부정출발로 간주되어 벌칙이 주어진다. 이때 추월은 앞 차량의 뒷 범퍼를 넘어서는 것을 의미한다.

제14조 (출발 절차)

① 출전 차량은 코스 인 개시가 시작되면 코스 인을 하여 그리드에 정렬하여야 한다.

② 경기출발 5분 전 : 피트 출구는 폐쇄된다.

③ 출발 신호는 출발 전 5분, 3분, 1분, 30초 시간표지판(Board)으로 공지한다.

　가. 5분 보드 : 카운트다운을 시작한다.

　나. 3분 보드 : 드라이버, 경기진행요원을 제외한 모든 사람은 코스 위에서
　퇴장한다.

　다. 1분 보드 : 드라이버들은 차량에 탑승하고 시동을 건다.

　라. 30초 보드 : 출발 30초전 보드가 나간 후 30초 후에 그리드 앞에서 녹색기가 제시되면,
　경기차량은 그리드 상의 대열을 유지하면서 선도 차량에 의해 포메이션 랩을 개시한다. 포메이션 랩 중에는 출발 연습은 금지되고, 대열은 엄격히 유지되어야 한다. 포메이션 랩 중에 추월은 금지된다. 위반한 경우에는 벌칙이 주어질 수 있다.

④ 포메이션 랩 출발에 실패한 차량은 모든 차량들이 포메이션 랩을 출발 한 후 엔진시동이 걸리도록 경기진행요원이 트랙 위에서 차를 미는 것이 허용된다. 시동이 걸린 후 포메이션 랩을 출발할 수 있으나 주행 중인 차량을 추월할 수 없다.

그러나 한 번의 시도 후에도 여전히 출발할 수 없을 경우 트랙을 방해하지 않도록 밀어내야 하며, 경기진행요원의 도움으로 피트 입구 혹은 출구에서 출발을 시도할 수 있다. 포메이션 랩의

참여에 실패한 차량은 피트에서 출발하도록 한다.

⑤ 포메이션 랩에 늦게 출발한 차량 및 포메이션 랩 도중에 순서를 지키지 못하고 모든 차량들에 뒤쳐지게 된 차량은 그리드의 최후미에 위치한다.

⑥ 포메이션 랩을 끝내고 출발 그리드에 돌아온 후에, 경기를 출발 할 수 없게 된 차량의 드라이버는 즉시 경기진행요원에게 손을 들어 표시하고, 경기진행요원은 즉시 황색기를 흔들어야 한다. 포메이션 랩이 끝난 후 출발 그리드에 정렬한 차량에 문제가 발생했을 경우에는 다음의 절차를 밟는다.

　가. 출발 라인에는 적색기와 "Start Delayed - 출발지연" 보드가 제시된다.

　나. 이미 출발 신호기가 발령되었을 때는 그리드 옆에 배치되어 있는 경기진행요원들은 나머지 드라이버들에게 그리드에 정지한 차가 있다는 것을 알리기 위하여 황색기를 흔든다.

　다. 출발 이후에 차량의 시동이 걸리지 않을 때는 경기진행요원들이 즉시 해당 차량이 시동이 걸리도록 트랙을 따라 인도한다. 한 번의 시도 후에도 출발을 하지 못하면 경기진행요원들은 해당 차량을 피트로 인도한다. 드라이버와 팀원들은 경기진행요원의 지시를 반드시 따라야 한다.

⑦ 출발지연(Start Delayed) 보드가 몇 번에 걸쳐 반복 제시되거나 경기 주행 거리가 아무리 축소되어도 경기결과는 유효하다.

⑧ 그리드에서 연료의 재급유 또는 제거는 금지된다.

제15조 (피트인 및 코스인)

주행 중 강제 피트인 명령을 받은 차량은 피트인하여 벌칙 이행 후 코스인 할 수 있으며 피트 출구에서는 경기진행요원의 지시에 따라 코스인 한다.

제16조 (경기의 중단)

통상의 안전한 상태가 유지되지 않은 경우에는 적색기에 의해 경기를 중단한다.

① 사고나 기후 조건 혹은 기타 조건들로 인해 경기를 계속 진행하는 것이 위험하다고 판단되는 경우에 조직위원회는 출발 라인과 모든 포스트에 적색기를 발령하도록지시를 내릴 수 있다.

② 경기 중단 신호가 나가면 모든 차량들은 즉시 경기를 중지하고 서킷 트랙의 양 옆의 제방 가까이에 차량을 정지시킨다. 그 경우에 아래의 사항을 필히 숙지하고 있어야 한다.

　가. 경기차량 및 서비스 차량이 코스 상에 있을 수도 있다.

　나. 코스는 사고로 완전히 막혀 있을 수도 있다.

제17조 (재출발)

① 경기가 중단된 때에, 자력으로 움직일 수 있는 차량만이 재출발의 자격을 가진다.

② 위험요인이 제거된 후 모든 포스트의 녹색기와 함께 경기는 속개되며 전 차량은 즉시 경기에 임하게 된다.

　가. 경기주행거리는 남아있는 거리를 주행 하는 것을 원칙으로 하나 불가분한 이유로 경기를 속개 할 수 없을 경우 대회 조직위원회의 결정에 따른다.

　나. 드라이버의 변경은 일절 허용되지 않는다.

제18조 (경기 종료)

① 주어진 최대 주행 시간이 종료되는 즉시 경기 종료 신호가 표시된다. 경기 종료 신호가 게시되기 전에 규정된 랩 수를 완주한 차량은 피트 인 구역으로 진입하여 대기지역에서 대기한다. 이때 드라이버는 차량에서 하차하여 경기장 밖에서 대기하여야 한다.

② 만일 경기 종료 신호가 부주의, 그 외의 이유에 의해 선두차량이 규정된 랩 수를 완료하기 전에 표시된 경우, 경기는 그 시점에서 종료된 것으로 한다.

③ 경기 종료 신호가 늦게 표시된 경우에는, 최종순위는 경기가 규정에 따라 종료될 시점에 실질적으로 종료된 것으로 간주한다.

④ 경기 종료 신호를 받은 모든 차량은, 코스를 1랩 주행한 후, 직접 운전하여 경기진행요원이 지시하는 대기지역으로 가서 대기한다.

⑤ 경기 종료 신호를 받은 후의 추월은 금지한다.

승인이 필요없는 튜닝
승인이 필요한 튜닝
하면 안되는 튜닝

승인이 필요없는 튜닝
승인이 필요한 튜닝

자동차를 튜닝하는 운전자 입장에서 어떠한 항목이 합법이고, 어떠한 항목이 불법인지를 정확하게 알고 튜닝을 하여야 한다. 물론 얼마전까지만 하더라도 워낙 법규에서 튜닝자체를 부정적인 선입견으로 대하다 보니 그간 어느것이 불법이고 어느 것이 합법인진도 제대로 구분이 되지 않았던 것이 사실이다. 물론 지금도 모호한 부분이 아직까지 남아있기는 하지만 이러한 부분들이 지속적으로 개선 발전되고 있다는 것은 다행이다.

이러한 노력들은 제도적인 것 뿐만 아니라 관심을 갖고있는 모든 운전자들이 함께 대한민국의 자동차 문화를 만드는데 같이 노력해야하는 자세가 필요할 듯 하다. 점차 국내에서는 튜닝활성화 기류에 힘입어 조금씩 튜닝에 대한 규제가 풀어지고 있는 상황이긴하지만, 우선 현재 상태까지를 기준으로 우선 튜닝승인 필요없는 경우 와 승인이 필요한 튜닝을 알아보자. 그리고 튜닝승인 신청 제출서류 및 수수료도 알아보자.

■ 튜닝승인이 필요없는 경우
튜닝승인이 필요없는 경미한 구조 및 장치의 범위는 아래의 표와 같으며 경미한 구조장치는 안전기준에 적합하게 설치되어야 한다.

구분	승인이 필요없는 항목(경미한 구조장치)
길이,너비 및 높이	포장탑, 화물자동차 바람막이
동력발생장치 및 동력전달장치	시동리모콘, 흡기 및 배기다기관, 에어크리너, 스노클 등 동력발생장치 및 동력전달장치의 부품교환 등(제외사항:원동기형식이 변경) 클러치 디스크 및 압력판 등 변속기의 변경 (제외사항: 변속기 종류 변경)
주행장치	제원의 허용차 범위 이내의 코일스프링, 쇽업쇼버, 스트럿바 등 주행장치의 변경
소음방지장치	배기관 팁(소음기의 변경이 되지 않는 경우에 한함)
조향장치	직경이 동일한 핸들, 핸들손잡이, 레버손잡이 등 조향장치의 변경
제동장치	보조브레이크 페달, 가속 및 브레이크 페달, 브레이크 자동잠금 및 해제장치, 정속주행 장치, 브레이크 디스크 및 패드, ABS보조장치의 변경
연료장치	연료절감장치의 장착
차체 및 차대	범퍼, 에어스포일러, 에어댐, 휀더스커트, 후드/윈도우 프렉터, 후드스쿠프,선바이저, 롤바, 루프케리어, 런링보드, 수하물운반구, 탈부착 하는 자전거캐리어, 스키캐리어, 범퍼가드, 그릴가드, 휀더커버, 썬루프, 루프탑바이저, 안테나, 차간거리경보장치, 컨버터블탑용롤바, 에어컨등 실내에 설치하는 장치, 밴형 화물자동차 적재장치의 창유리 기본 차체의 크기 등을 변경하지 않는 차체 및 차대의 수리
연결 및 견인장치	단순한 전기식 원치만 설치
등화장치	자동차 관리법에 따라 인증을 하거나 인증을 받은 등화장치(전조등제외)의 교환(다만, 위치변경은 제외)

■ 튜닝승인이 필요한 경우

튜닝승인이 필요한 항목은 정해져 있는 승인절차를 통하여 변경이 가능하며 세부내용은 아래와 같다. 여기서는 일반 운전자들의 관심이 되는 장치변경에 대한 내용을 중심으로 정리가 되어있음으로 구조에 대한 변경을 원하는 운전자는 별도로 자동차 검사소 또는 교통안전공단 튜닝승인 인테넷 사이트를 통하여 확인 가능하다.

구분	승인이 필요한 항목
원동기 및 동력전달장치	원동기변경, 실린더블록변경, 터보차져 및 인터쿨러 설차, 저공해가스(LPG,CNG)엔진개조, 변속기 변경, 동력인출장치(PTO)설치, BC트랙터 공기압축기 설치, 위치설치
주행장치	후차륜 복륜타이어 설치
제동장치	디스크 브레이크(드럼 –〉디스크)
연료장치	휘발유/LPG 겸용, 휘발유/CNG겸용, 경유/CNG(LNG) 혼소 변경, 연료탱크 추가설치
차대 및 차체	하이루프형 자동차, 자동차 외관변경, 주차단속용 이동카메라, 도로작업용 자동차의 충격흡수장치 및 유도표시등
연결,견인장치	연결장치 설치, 레카 구난방식변경
승차장치	승합자동차변경(일반 –〉특수형), 승차정원 변경, 어린이운송용 승합자동차,장의자동차, 구급자동차, 특수구급자동차(하이루프형),금고설치,캠핑용자동차
물품적재장치	적재함 덮개설치, 활어운송용 자동차, 철스크랩 운반 전용자동차, 재활용품수집자동차, 유압적하기 설치, 유압크레인 설치, 살수자동차, 탱크로리 설치, 난간대 설치, 포장탑(윙바디형)설치, 셀프로더/세이프티로더/카캐리어, 내장탑/냉동탑/윙바디탑, 덤프형 화물자동차, 컨테이너 운반자동차,리프트게이트 설치, 트레일러 길이축소, 이동식 화장실자동차, 가축운반자동차,곡물 수송자동차, 원목수송용 받침대 설치, 푸드(food)트럭
소음방지장치	소음기 변경
배기가스 발산방지장치	1종,2종,3종 배출가스 저감장치
등화장치	경광등 설치, 방전식전구전조등(HID) 설치, 주간주행등
내압용기 및 그 부속장치	가스용기 추가설치

■ 하면 안되는 튜닝인 경우

과도한 튜닝으로 인하여 안전에 위험하다고 예상되어 지는 항목들은 불법튜닝으로 규정하고 단속이 이루어지고 있음으로 운전자들도 아래사항을 꼭 확인하여 피해를 보는경우가 없어야 할 것이다.

구분	하면 안되는 튜닝 항목
빌드업튜닝	일반형화물차를 견인차로 개조, 화물차 축추가, 가변식 트레일러개조, 승합차 격벽탈거 및 좌석설치, 적재함 임의확장, 고소작업대 임의설치, 저재함보조틀 설치
튠업튜닝	터보제거, 엔진변경(출력저하)
드레스업튜닝	배기구방향(우측), 배기구돌출, 번호판 스티커부착, 번호판네온등, 스마일램프, 과시용 등화, 자동조절이 안되는 HID, 클리어램프, 후미등착색, 서치라이트, 꺽임번호판, 공기식경음기, 불법경음기, 차체너비증가, 에어댐돌출, 후부안전판 탈거, 후부안전판 규격미달, 측면보호대 탈거, 레이싱핸들, 철제범퍼설치, 에어스포일러 돌출, 엔진후드업, 타이어 차체외부돌출, 차체높임

■ 자동차 튜닝승인 신청시 제출서류 및 수수료

■ 튜닝승인 신청시 제출서류
(1) 자동차 튜닝승인 신청서
(2) 튜닝 전,후의 주요제원 대비표(제원이 변경되는 경우)
(3) 변경 전,후의 자동차 외관도(외관변경이 있는 경우)
(4) 변경하고자 하는 구조, 장치의 설계도

■ 튜닝승인 및 검사 수수료
(1) 구조변경 승인 수수료
  - 구조 및 장치: 33,000원(전자승인), 60,000원(방문승인)
  - 장치: 20,000원(전자승인), 33,000원(방문승인)
(2) 구조변경 검사 수수료
  - 구조변경 검사: 29,000원(소형), 33,000원(중형), 37,000원(대형)
  - 구조변경 재검사(배출가스검사병행):
    19,800원(소형), 23,100원(중형), 25,300원(대형)

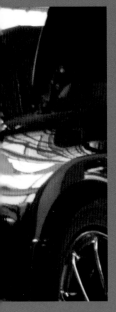

자동차 주요소모품
교환주기

튜닝 자동차이던 일반 자동차이던 차량을 경제적으로 운영하기 위해서는 주기적으로 교체가 필요한 소모품들을 주기적으로 교환해 주는 것이 필요하다. 물론 정비사 또는 정비소마다 약간의 다른 의견들이 있지만 아래 내용은 국내 정비 시장에서 일반적으로 통용되는 교환주기이니 참고하도록 하자

항목	교환주기		
	정비소(A)	정비소(B)	정비소(C)
엔진오일	5,000~7,000km(광유)	5,000km	5,000km
오토미션오일	30,000~40,000km	120,000km	40,000km
파워오일	40,000~50,000km	–	40,000km
브레이크오일	30,000~40,000km	20,000km	40,000km
냉각수(부동액)	2년	40,000km	2년, 40,000km
배터리	3년	100,000km	2~3년
구동벨트	30,000~40,000km	20,000km	40,000km
타이밍벨트	60,000~80,000km	70,000km	70,000~80,000km
로커커버 가스켓	누유	–	–
점화플러그	30,000km(일반) 80,000km(백금) 160,000km(이리듐)	20,000km(플러그) 40,000km(배선)	40,000km
연료필터	60,000km(가솔린) 30,000km(커먼레일)	20,000kmm	40,000~ 60,000km(가솔린) 20,000km(커먼레일)
타이어	50,000km	20,000km	–
브레이크 패드	3mm이하(패드) 1mm이하(리이닝)	20,000km(패드) 40,000km(라이닝)	20,000km(패드) 40,000km(라이닝)
로어암/어퍼암	부싱마모, 소음	–	–
드라이브 샤프트	부츠파손, 소음	100,000km	–
속 업소버	누유 및 소음	50,000km	–
머플러	파손, 소음	40,000km	–
전조등/미등	단선, 깨짐	–	작동불량 시
브레이크등	단선, 깨짐	–	작동불량 시
에어컨필터	6개월/10,000km	–	5,000~15,000km

자료출처 : 「내 차 사용설명서」 참고

◐ 자동차 튜닝이 궁금해? (자동차생활) 2007.12.1

◐ 튜닝박사 (골든벨) 2013.3

◐ 내 차 사용설명서 (연두m&b) 2013.5

◐ 알기쉬운 자동차 튜닝메뉴얼 (국토교통부,교통안전공단) 2013.10

◐ 자동차 튜닝세부 업무규정 (국토교통부,교통안전공단) 2014.62014

◐ KASE 대학생 자작자동차 대회 Baja 경기진행규정 2014.3

나도 튜닝 한번 해볼까?

2015년 1월 30일 초판 발행
2020년 3월 10일 초판 3쇄 발행

저   자 : 정영훈, 김치현
검   수 : (사)한국자동차튜닝협회
발 행 인 : 김 길 현
발 행 처 : (주)골든벨
등   록 : 제1987-000018호 ⓒ 2015 Golden Bell
ISBN : 979-11-85343-66-2-03550

이 책을 만든 사람들

편집 : 김현하	표지 및 본문디자인 : 조경미, 김한일, 김주휘
일 러 스 트 : 오소연	제 작 진 행 : 최병석
오프라인 마케팅 : 우병춘, 강승구, 이강연	웹매니지먼트 : 안재명, 김경희
공 급 관 리 : 오민석,정복순, 김봉식	회 계 관 리 : 이승희,김경아

● 주소 : 140-846 서울특별시 용산구 원효로 245(원효로 1가 53-1)
● TEL : 도서 주문 및 발송 02-713-4135 / 회계 경리 02-713-4137
        내용 관련 문의 02-713-7452 / 해외 오퍼 및 광고 02-713-7453
● FAX : (02)718-5510   ● E-mail : 7134135@naver.c

※ 파본은 구입하신 서점에서 교환해 드립니다.

정가 : 20,000원